高职高专项目导向系列教材

高分子材料分析检测技术

付丽丽　主编

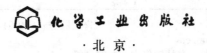

化学工业出版社

·北京·

本教材采用项目导向、任务驱动、"教、学、做"一体化的教学方法，内容包括高分子材料的鉴别、高分子材料的仪器分析、高分子材料的物理性能检测、高分子材料的力学性能检测、高分子材料的热性能检测、高分子材料的老化性能检测六个学习情境、22 个任务。内容覆盖面广，难度适中，便于学生全面掌握；任务可实施性强，有利于激发学生学习兴趣；每一个任务是一个独立的模块，方便教师灵活安排教学环节。

　　本书可作为高职高专高分子材料应用技术专业以及相关专业教材，也可供其他从事高分子材料专业学习及科学研究的人员参阅。

图书在版编目（CIP）数据

高分子材料分析检测技术/付丽丽主编. —北京：
化学工业出版社，2014.3（2023.9重印）
高职高专项目导向系列教材
ISBN 978-7-122-19634-7

Ⅰ.①高…　Ⅱ.①付…　Ⅲ.①高分子材料-高等职业
教育-教材　Ⅳ.①TB324

中国版本图书馆 CIP 数据核字（2014）第 016876 号

责任编辑：张双进　窦　臻　　　　　　　　文字编辑：徐雪华
责任校对：吴　静　　　　　　　　　　　　装帧设计：刘丽华

出版发行：化学工业出版社（北京市东城区青年湖南街 13 号　邮政编码 100011）
印　　装：北京虎彩文化传播有限公司
787mm×1092mm　1/16　印张 10　字数 240 千字　2023 年 9 月北京第 1 版第 7 次印刷

购书咨询：010-64518888　　　　　　　　售后服务：010-64518899
网　　址：http://www.cip.com.cn
凡购买本书，如有缺损质量问题，本社销售中心负责调换。

前 言

高分子材料的合成与加工是高分子材料行业的两个主要方向，在高分子材料合成、加工与使用过程中需要进行各种分析与性能检测，在高分子材料专业科学研究过程中，也需对产品进行分析和性能检测，如高分子材料种类鉴别、高分子材料组成分析、高聚物结构分析、高聚物相对分子质量检测、高分子材料物理力学性能检测、高分子材料热性能检测及老化性能检测等，所以高分子材料分析检测已经成为高分子材料专业学生必须掌握的一项技能。

本教材以高分子材料合成、加工企业常见的分析检测项目为主线，结合高分子材料专业技能大赛项目以及高分子材料专业科研院所常见检测项目，设计教学内容。采用项目导向、任务驱动、"教、学、做"一体化的教学方法，设计高分子材料的鉴别、高分子材料的仪器分析、高分子材料的物理性能检测、高分子材料的力学性能检测、高分子材料的热性能检测、高分子材料的老化性能检测六个学习情境、22 个任务。教材编写过程中参考大量的国家标准，实现了课程内容与国家标准相衔接。内容覆盖面广，难度适中，便于学生全面掌握；任务可实施性强，有利于激发学生学习兴趣；每一个任务是一个独立的模块，方便教师灵活安排教学环节。教材可作为高职高专高分子材料应用技术专业以及相关专业教材，也可供其他从事高分子材料专业学习及科学研究的人员参阅。

本书在编写过程中，得到辽宁石化职业技术学院高分子材料应用技术专业教研室张立新、石红锦、赵若东、杨连成及马超等老师的大力支持，在此表示感谢！

编者

2013 年 11 月

目录

◆ 学习情境四　高分子材料的力学性能检测　　　073

◆ 学习情境五　高分子材料的热性能检测　　　　　109

◆ 学习情境六　高分子材料的老化性能检测　　　　　137

◆ 参考文献　　　　　154

高分子材料的鉴别

任务1 高分子材料的综合鉴别

任务介绍

通过分析高分子材料的外观、用途，结合燃烧试验、热裂解试验，判断高分子材料的种类，进行综合鉴别。

【知识目标】

① 掌握常见高分子材料的外观和用途；

② 掌握常见高分子材料的燃烧试验方法及其燃烧特点；

③ 掌握常见高分子材料的热裂解试验方法及其特点。

【能力目标】

能根据高分子材料的外观、用途，结合燃烧试验、热裂解试验，判断高分子材料的种类，进行综合鉴别。

【素质目标】

① 培养学生遵规守纪、按章操作的工作作风；

② 锻炼学生组织协调能力，培养其团队合作意识；

③ 培养学生具有环保意识、安全意识。

任务分析

按照常见分子材料综合鉴别流程判断高分子材料类型。

首先观察高分子材料试样的透明性、颜色；然后用指甲或钉子等工具划过高分子材料表面，通过划痕判断试样的硬度；再用敲打、挤压、手拉或扳弯试样的方法，大概感知高分子材料的强度和韧性，结合其外观和用途进行初步判断。

1. 燃烧试验操作方法

用镊子夹住一小块试样，用煤气灯（或酒精灯）的火焰外缘直接加热试样一角，观察是否易于点燃，然后再放在火焰上灼烧，时而移开以判断试样离火后是否会熄灭。同时观察火焰的颜色和它的一般性质（如亮或暗、有否火星溅出、清净或烟臭等）；试样是否滴落，滴落物是否继续燃烧；试样是否龟裂、变形，是否熔融、挥发，试样有否结焦，残留物的形态如何；试样燃烧时的气味（如刺激性气味、石蜡味等）；试样燃烧时的声响（如噼啪声等）。

2. 热裂解试验方法

将少量试样装入裂解管（或普通试管）中，在试管口放上一片湿润的 pH 试纸，用试管夹夹住试管上部，在试管底下用小火慢慢加热，观察试样的变化情况、裂解出的气体的颜色和气味、气体的 pH 值。待有气体馏出后，用插有玻璃管的塞子塞紧试管，通过玻璃管将馏出气体引入硝酸银溶液中鼓泡，观察硝酸银溶液中是否出现白色沉淀，从而判断是否有氯离子存在。

 相关知识

一、高分子材料的外观和用途鉴别

（一）高分子材料的外观

1. 透明性和颜色

表 1-1　常见塑料的外观

序号	塑料种类	外　观
1	聚乙烯、聚丙烯	半透明颗粒粉末
2	尼龙	半透明颗粒
3	聚苯乙烯	透明颗粒(悬浮聚合产品为珠状颗粒)
4	聚甲醛	白色颗粒
5	ABS	白色颗粒(有时浅黄色)
6	聚氯乙烯、氯乙烯-偏氯乙烯共聚物	白色粉末或疏松颗粒
7	硅树脂	无色或淡黄色透明黏液或浅黄色固体

表 1-2　常见橡胶的外观

序号	橡胶种类	外　观
1	天然橡胶	淡黄色半透明
2	合成异戊二烯橡胶	淡黄色半透明
3	顺丁二烯橡胶	淡黄色半透明
4	丁苯橡胶	淡黄色,或淡褐红色半透明
5	丁腈橡胶	淡黄色-淡褐色,半透明
6	丁基橡胶	无色,透明-半透明
7	硅橡胶	白色,半透明-不透明
8	乙丙橡胶	白色,不透明
9	氟橡胶	白色,不透明
10	氯丁橡胶	淡黄-淡褐色,不透明

完全透明的橡塑制品较少，大部分塑料由于部分结晶而呈半透明，或有填料等添加剂而不透明，大多数橡胶也因为含有填料而不透明。常见塑料和橡胶的外观分别见表 1-1 和表 1-2。

常见用于透明制品的高分子材料主要有：聚丙烯酸酯和聚甲基丙烯酸酯类（特别是聚甲基丙烯酸甲酯）、聚碳酸酯（不仅透明性好，而且强度好）、聚苯乙烯、聚氯乙烯及其共聚物等。

试样的透明性一般与其厚度、结晶性、共聚组成和所加添加剂等有关。一些材料（如聚乙烯、聚丙烯、尼龙等）往往在厚度较大时呈半透明或不透明，而在厚度小的时候呈现透明状态。少量的有机颜料对制品的透明性影响不大，但无机颜料则会明显影响透明性。一些塑料材料（如聚对苯二甲酸乙二醇酯）在结晶度低的时候是透明的，但结晶度高时则成为不透明的。

大多数塑料制品和化纤可以自由着色，只有少数有相对固定的颜色，如酚醛树脂为棕色或黑色，ABS树脂常为乳白色或米黄色等。未加填料或颜料的树脂本色可分为三类：一类为无色透明或半透明；一类为白色；另一类为其他颜色。固态树脂通常有两种形态：一种为粉末；另一种为颗粒。

2. 高分子材料制品的外形

（1）塑料薄膜

常见的品种有聚乙烯膜、聚氯乙烯膜、聚丙烯膜、聚苯乙烯膜、尼龙膜等。

（2）塑料板材

主要有PVC硬板、塑料贴面板、酚醛层压纸板、酚醛玻璃布板等。

（3）塑料管材

通常用做管材的树脂有聚乙烯、聚氯乙烯、聚丙烯、尼龙、ABS、聚碳酸酯、聚四氟乙烯等。

（4）泡沫塑料

主要有聚苯乙烯泡沫、聚氨酯泡沫、聚氯乙烯、聚乙烯、EVA（乙烯-醋酸乙烯共聚物）、聚丙烯、酚醛树脂、脲醛树脂、环氧树脂、丙烯腈和丙烯酸酯共聚物、ABS、聚酯、尼龙等。

3. 高分子材料的手感和力学性能

高密度聚乙烯、聚丙烯、尼龙6、尼龙610和尼龙1010等，表面光滑、较硬、强度较大，尤其尼龙的强度明显优于聚烯烃。

低密度聚乙烯、聚四氟乙烯、EVA、聚氟乙烯和尼龙11等，表面较软、光滑、有蜡状感，拉伸时易断裂，弯曲时有一定韧性。

硬聚氯乙烯、聚甲基丙烯酸甲酯等，表面光滑、较硬、无蜡状感，弯曲时会断裂。

软聚氯乙烯、聚氨酯有橡胶般的弹性。

聚苯乙烯质硬、有金属感，落地有清脆的金属声。

ABS、聚甲醛、聚碳酸酯、聚苯醚等质地硬，强韧，弯曲时有强弹性。

（二）高分子材料的用途

高聚物材料在日常生活和国民经济中应用广泛，这里简单列举一些例子。

1. 聚烯烃类

低密度聚乙烯：薄膜、日用品、容器、管子、线带等。

高密度聚乙烯：容器、各种型号管材、薄膜、日用品、机械零件等。

聚丙烯：容器、日用品、电器外壳、电器零件、包装薄膜、纤维、管、板、薄片、医院和实验室器具等。

2. 苯乙烯类

聚苯乙烯：日用品、设备仪表盘及零件、光学仪器、透镜、泡沫、硬容器、透明模型等。

ABS：电子电气、汽车、手提箱、化妆品容器、玩具、钟表、照相机零件等。

3. 含卤素高聚物

聚氯乙烯：农用薄膜、包装用薄片、人造革、电器绝缘层、防腐蚀管道、贮槽、玩具、容器、建材、纤维等。

聚四氟乙烯：机械轴承、活塞环、衬垫、密封材料、阀、隔膜、电器、不粘器具、医疗器材、纤维等。

4. 其他碳链高聚物

聚乙烯醇：胶黏剂、助剂、涂料、薄膜、胶囊、化妆品等。

丙烯酸酯类：机械、仪表箱、电话机、笔、扣子、胶黏剂、光学配件等。

聚甲基丙烯酸甲酯：灯罩、仪表板和罩、防护罩、光学产品、医疗器械、文具、装饰品等。

聚丙烯腈：纤维，用于化妆品、药品的容器等。

5. 杂链高聚物

聚乙二醇：水溶性包装薄膜、织物上浆剂、保护胶体。

尼龙：纤维、机械、电器、管材、包装用薄膜、粉末涂料、汽车刮水器传动装置、散热器风扇、拉杆等。

6. 树脂

酚醛树脂：电子电器、机械、汽车制动器、厨房用具把柄、涂料、层压板、胶黏剂、纸张上胶剂等。

脲醛树脂：电器旋钮、插塞、开关、文具、钟表外壳、胶黏剂、涂料、层压板等。

不饱和聚酯：交通工具、建材、电器、化工管路、压滤器、钓竿、滑雪板、高尔夫球、雪橇、家具、雕塑、工程挡板、涂料、胶泥、胶黏剂、层压板、预埋和封装材料等。

环氧树脂：玻璃钢、胶黏剂、涂料、层压板、树脂模具、电气绝缘、聚氯乙烯的稳定剂等。

7. 橡胶

天然橡胶、异戊橡胶、丁苯橡胶、顺丁橡胶：用于轮胎、胶管、胶带、鞋业、模型制品、电线电缆绝缘、减震制品、医疗制品、胶黏剂、运动器材、浸渍制品、织物涂料等。

氯丁橡胶：用于阻燃制品、消防器材、井下运输皮带、电缆绝缘、胶黏剂、模型制品、胶布制品、耐热运输带等。

丁腈橡胶：特别用于耐油制品、输油管、工业用胶辊、贮油箱、油管、耐油运输带、化工衬里、耐油密封垫圈等。

二、高分子材料燃烧试验

高分子材料燃烧试验鉴别法又称火焰试验鉴别法，是利用小火燃烧高分子材料试样，观察高分子材料在火中和火外时的燃烧特性、火焰颜色、是否熄灭、熔融高分子材料的落滴形式及气味等来鉴别高分子材料种类的方法。

（一）常见高分子材料的燃烧特性

1. 可燃性

材料的可燃性与所含元素有关。由碳、氢、硫组成的大部分有机高分子材料都易燃。卤素、磷、氮、硅、硼等是难燃的元素，一般来说这类元素含量越多，阻燃性越好。因此，基本上可以根据元素组成将高分子材料大致分为以下三类。

（1）不燃的

含氟、硅的高分子和热固性树脂（如酚醛树脂、脲醛树脂等）。

（2）难燃自熄的

含氯高分子，如聚氯乙烯及其共聚物；含氮高分子，如聚酰胺、酪肟树脂等。当材料中加有阻燃剂溴化物、磷化物等也会难燃甚至不燃。

（3）易燃的

大多数含碳、氢、硫的高分子材料属于这类。

2. 火焰颜色

火焰的颜色通常与元素有关。只含碳、氢的高分子材料火焰呈黄色，含氧的高分子材料常带蓝色，含氯的高分子材料有特征的绿色。燃烧激烈的高分子材料如硝酸纤维素等火焰颜色很亮，看上去更像白色。

3. 发烟性

材料的发烟性有以下经验规律：脂肪族高分子一般不发烟，交联密度越大的发烟量越小，含氯量、含磷量越高的高分子材料发烟量越大。

芳香族高分子常发烟，但芳香基团位置不同，发烟性能不同。主链具有芳香基团的聚碳酸酯、聚苯醚、聚砜等属中等生烟倾向的高分子材料，且随着主链中芳香性的增加（即结构刚性的增加）发烟量下降。而侧链含有芳香基团的聚苯乙烯及其共聚物却是典型的易发烟、有大量黑色烟炱的高分子材料。

4. 结焦性

结焦倾向多半与碳所在的基团的性质有关。如果脂烃碳上有氢，裂解时易气化，不易结焦，而带芳环特别是取代苯环的高分子材料易结焦。

5. 气味

气味是高分子材料裂解时形成的挥发性小分子产生的。有的就是单体分子，如苯乙烯、甲基丙烯酸甲酯、甲醛、丁醛、苯酚等，有的是高分子结构中的一小块碎片。

根据燃烧试验的现象，从上述规律出发，常可以给出初步的鉴别。

（二）常见高分子材料的燃烧试验鉴别

1. 塑料的燃烧鉴别

图 1-1 是几种常见塑料的燃烧试验鉴别流程图，一般可以按照流程图进行鉴别。为了更多更全面地描述燃烧现象，列举了表 1-3 所示特征，可以参照此表进行鉴别。当然，不同的人对燃烧现象的观察不完全相同，不同文献对燃烧现象的描述也有较大差异，这些资料只能作为简单鉴别的参考，如果有已知的高分子标准样品作对照试验，更有助于正确鉴别。同时要注意增塑剂、填料等添加剂对高分子材料可燃性的影响。除了含磷增塑剂等外，一般增塑剂为易燃的有机化合物，而填料中无机填料一般不燃。由于应用上对材料的阻燃要求越来越高，现在许多材料都加有阻燃剂，也要注意其影响。

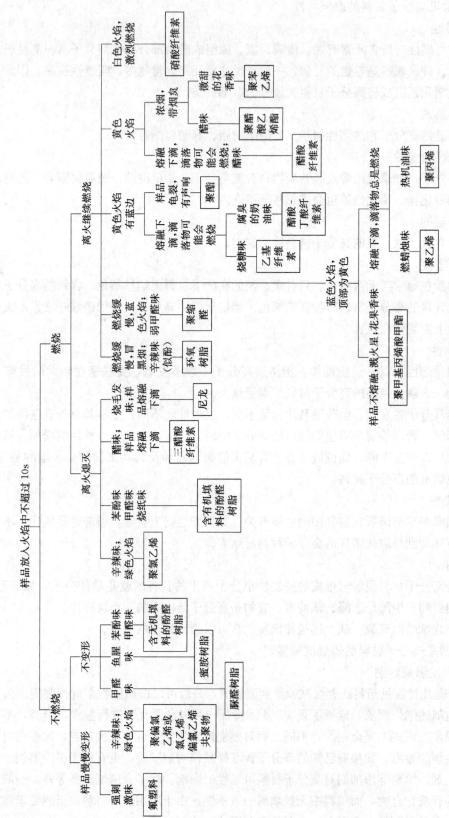

图 1-1 常见高分子材料的燃烧试验鉴别流程图

表 1-3 常见塑料的燃烧特征

可燃性	试样的变化	火焰外观	气味	高分子材料
不燃	软化	—	红热时挥发,有刺激性气味(HF)	聚三氟氯乙烯
	不变或慢慢炭化	—	红热时挥发,有刺激性气味(HF)	聚四氟乙烯
难燃,离火熄灭	外形不变,可膨胀龟裂,慢慢炭化	亮黄色,有烟	苯酚、甲醛味	酚醛树脂
	外形不变,可膨胀龟裂,燃烧部位发白,慢慢炭化	微黄色,带绿边(或白边)	甲醛味,氨味。蜜胺树脂有强的鱼腥味(胺)	氨基高分子材料(蜜胺和脲醛树脂)
在火焰上燃烧,离火熄灭,难以点着	先软化,后分解成棕黑色	黄-橙色带绿底,白烟	强辛辣味(HCl)	聚氯乙烯
	先软化,后分解成棕黑色	黄-橙色,喷浅绿色火星	强辛辣味(HCl)	聚偏二氯乙烯
	软化,不下滴	绿色带黄尖,十分烟炱	强辛辣味(HCl)	氯化聚乙烯 氯化聚氯乙烯
	收缩,软化和熔融	黄-橙色,带蓝-绿边	辛辣味(HCl)	氯乙烯-丙烯腈共聚物
	软化	黄色带绿边	辛辣味(HCl)	氯乙烯-醋酸乙烯酯共聚物
	先熔融,后炭化	黄色,有烟炱	类似于苯酚的气味	聚碳酸酯
在火焰中燃烧,离火熄灭,中等燃烧性	熔融下滴,后分解,样品靠近火焰时起泡,熔融成清液可抽成丝	黄-橙色带蓝边	烧毛发(蛋白质)味,或烧新鲜芹菜味	尼龙
	膨胀龟裂,逐渐分解炭化	黄色,明亮,灰烟	牛奶(蛋白质)烧焦味	酪朊-甲醛树脂
在火焰上燃烧,离火熄灭,易于点着	胀大,软化,分解	黄色,有烟	苯胺、甲醛味	苯胺树脂
	熔融下滴	暗黄色,有烟炱	醋酸味	三醋酸纤维素
在火焰中燃烧,离火后慢慢熄灭	软化,转为棕色,分解	明亮	涩味,刺激喉咙	聚乙烯醇
	易炭化	黄色	酚味和烧纸味	酚醛树脂层压材料
	熔融,逐渐炭化	明亮、有烟炱	苦杏仁味	苄基纤维素
在火焰中燃烧,离火后继续燃烧,从难到容易点着	熔融下滴,滴落物继续燃烧	清亮的黄色带蓝底	熄灭的蜡烛味	聚乙烯
	熔融下滴,滴落物继续燃烧	清亮的黄色,带蓝色调	热润滑油味	聚丙烯,乙烯-丙烯共聚物
	熔融成清液,下滴,可以抽成丝	暗黄-橙色,有烟炱	花香般微甜气味	聚对苯二甲酸乙二醇酯
	熔融,分解	明亮	涩味(丙烯醛)	醇酸树脂
	熔融下滴	暗蓝色,带黄边	腐臭的奶油气味	聚乙烯醇缩丁醛
	不像缩丁醛那样滴落	暗蓝色,带紫色	醋酸味	聚乙烯醇缩乙醛
	不像缩丁醛那样滴落	黄白色	略带甜味	聚乙烯醇缩甲醛
	不熔融,均匀燃烧	黄色,明亮,有烟炱	刺激气味,带微甜花香味(苯乙烯)	不饱和聚酯(玻纤增强)
		黄色,有黑烟	类似苯酚味	环氧树脂
		黄色带蓝边		烯丙树脂
		清亮的黄色	氰化物味和烧木材味	聚丙烯腈及其共聚物

可燃性	试样的变化	火焰外观	气味	高分子材料
在火焰中燃烧，离火后继续燃烧，易于点着	软化，略炭化	明亮，黄色带蓝底，稍有烟炱，发出爆响声	略甜的水果味	聚甲基丙烯酸甲酯
	熔融，燃烧的液滴可能会落下，略炭化，起泡	明亮，黄色带蓝底，稍有烟炱	花香味（酯），有刺激性	聚丙烯酸酯
	软化	暗黄色，周围有紫晕，溅火星，略带烟炱	醋酸味	聚醋酸乙烯酯
	软化	明亮，带浓烟	微甜的花香味	聚甲基苯乙烯
	熔融，分解	很暗的蓝色	甲醛味	聚甲醛
	熔融，分解	明亮	煤焦油味	香豆酮-茚树脂
	熔融下滴，滴落物继续燃烧	暗黄色，带火星，略带烟炱	丙酸味，烧纸味	丙酸纤维素
	熔融下滴，滴落物继续燃烧	暗黄色，带火星，略带烟炱	醋酸和丙酸味，烧纸味	醋酸-丙酸纤维素
	熔融下滴，滴落物继续燃烧	暗黄色，略带蓝边，略带烟炱，带火星	腐臭的奶油、奶酪气味，烧纸味，醋酸味	醋酸-丁酸纤维素
	熔融，炭化	黄绿色	微甜，烧纸味	甲基纤维素
	熔融下滴，快速燃烧伴随炭化	黄绿色，带火星	醋酸味，烧纸味	醋酸纤维素
	熔融下滴，快速燃烧伴随炭化	黄-橙色，灰色的烟	强刺激性气味（异氰酸酯）	聚氨酯
	快速且完全地燃烧，伴随分解和炭化	明亮，如同烧纸	烧纸味	赛璐玢
	快速且完全地燃烧，伴随分解和炭化	明亮，慢慢燃烧	烧纸味	硬化纸板
在火焰中燃烧，离火后继续燃烧，非常易点着	猛烈、完全地燃烧	明亮的白色火焰，棕色蒸气	氧化氮气味	硝酸纤维素
	猛烈、完全地燃烧	明亮的白色火焰，棕色蒸气	樟脑味	赛璐珞

2. 橡胶的燃烧鉴别

用镊子夹住样品，慢慢地伸向酒精灯或煤气灯的火焰边缘，观察其燃烧难易、离火后情况、火焰特征、表面状态和气体气味等，来判断是何种橡胶。常见橡胶的燃烧特征见表1-4。

表1-4 常见橡胶的燃烧特征

序号	橡胶种类	缩写	燃烧性	火焰特征	残渣气味
1	天然橡胶	NR	易	黑烟，暗黄色火焰，变软	橡胶臭味，残渣无黏性
2	合成异戊二烯橡胶	IR	易	黑烟，暗黄色火焰，变软	橡胶臭味，残渣无黏性
3	丁苯橡胶	SBR	易	黑烟，暗黄色火焰，变软	苯乙烯臭味，略膨胀，无黏性
4	顺丁橡胶	BR	易	黑烟，暗黄色火焰，变软	残渣无黏性
5	丁腈橡胶	NBR	易	黑烟，暗黄色火焰，变软	蛋白质燃烧气味，无黏性
6	丁基橡胶	IIR	易	无烟，散束状火焰	熔融，甜臭气味
7	乙丙橡胶	EPDM		无烟，散束状火焰 火焰呈蓝色	石蜡气味
8	氯丁橡胶	CR	难	火焰呈绿色	膨胀，盐酸气味
9	硅橡胶	Q	中等易燃	白烟，亮白色火焰	白灰，臭味少
10	氟橡胶	FKM	极难	自熄，火焰呈绿色	变软，有毒气体

① 不饱和橡胶和含苯环结构的橡胶，燃烧时产生大量的黑烟，并喷出火星或火花。

② 含氯橡胶均难以燃烧，火焰根部呈绿色。

③ 含氟橡胶难燃。

④ 碳链饱和结构的橡胶容易燃烧，火焰根部带蓝色，黑烟较少，尤其是聚氨酯和聚丙烯酸酯橡胶几乎无黑烟。

⑤ 硅橡胶燃烧时火焰白亮，并冒白烟，无气味，残渣为白色。

⑥ 聚硫橡胶极易燃烧，火焰蓝紫色，最外层为砖红色，同时产生硫化氢气味。

三、常见高分子材料的热裂解鉴别

热裂解试验鉴别法又称干馏试验鉴别法，是在热裂解管中加热塑料至热解温度，然后利用石蕊试纸或 pH 试纸测试逸出气体的 pH 值来鉴别的方法。

高分子材料结构不同，共价键断裂的能量也不同，因而分解温度有明显差异，表 1-5 列出了一些常见高分子材料的分解温度。

表 1-5 常见高分子材料的分解温度

高分子材料	分解温度/℃	高分子材料	分解温度/℃
聚乙烯	340~440	聚甲基丙烯酸甲酯	180~280
聚丙烯	320~400	聚丙烯腈	250~350
聚氯乙烯	200~300	尼龙 6	300~350
聚苯乙烯	300~440	尼龙 66	320~400
聚四氟乙烯	500~550	纤维素	280~380

如表 1-6 所示，根据逸出气体使 pH 试纸发生的颜色变化，可将试样分成三组：强酸性、中性到弱酸性、碱性。有时同种高分子材料由于组成不同会出现在不同的组里，如酚醛树脂和聚氨酯。表 1-7 描述了某些高分子材料在干馏时的行为以供进一步鉴别。

表 1-6 高分子材料热裂解逸出气体的 pH 值

pH 值	高分子材料
0.5~4.0	聚对苯二甲酸乙二醇酯、含卤素高分子、聚乙烯基酯类、纤维素酯类、硬化纸板、线形酚醛树脂、不饱和聚酯、聚氨酯弹性体
5.0~5.5	聚烯烃、聚甲基丙烯酸酯类、聚乙烯醇及其缩醛、苯乙烯类聚合物(包括 SAN 等,某些有轻微碱性)、聚乙烯基醚类、香豆酮-茚树脂、聚甲醛、聚碳酸酯、甲基纤维素、苄基纤维素、酚醛树脂、环氧树脂、线形和交联聚氨酯
8.0~9.5	聚丙烯腈、尼龙、ABS、甲酚-甲醛树脂、氨基树脂

表 1-7 某些高分子材料干馏时的行为

高分子材料	试样的形态	特征行为
聚苯乙烯	最初不变色,大部分转变为气体,最后变黄	裂解试管壁无凝聚液
聚甲基丙烯酸甲酯		起泡有响声
聚乙烯	逐渐分解,最后焦(炭)化	呈无色油状物
聚氯乙烯		硝酸银溶液有白色沉淀
酚醛树脂		硝酸银溶液有白色沉淀
醋酸纤维素		硝酸银溶液有白色沉淀
脲醛树脂		熔化
尼龙		起泡有声响
酪朊树脂		熔化
聚乙烯醇	最后变黑	有色烟雾

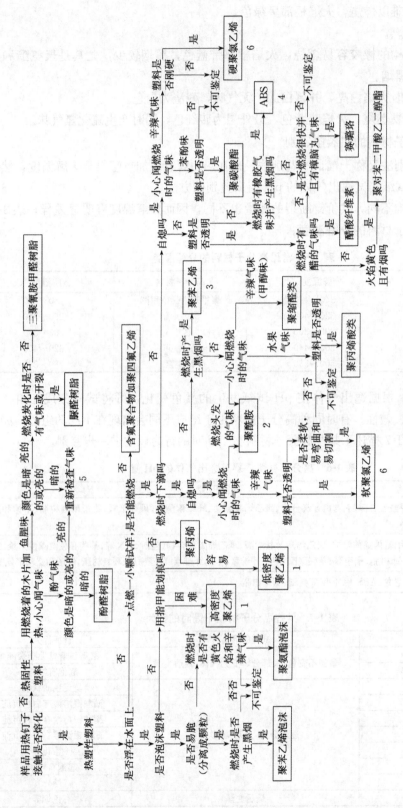

图 1-2 普通塑料鉴定流程图

1—聚乙烯燃烧时带蜡烛油的气味；2—聚酰胺用以下方法证实：使用一根冷的金属针（如钉子）接触熔融的塑料并迅速拉开，聚酰胺能拉成丝；3—聚苯乙烯用以下方法证实：截击时有金属声；4—丙烯腈-丁二烯-苯乙烯共聚物；5—酚醛树脂通常是黑色或棕色，其他树脂常呈较亮；6—聚氯乙烯通过在火焰上呈绿色证实；7—聚丙烯燃烧时有热机油的气味

任务实施

高分子材料的综合性鉴别。

以上介绍的每一种定性鉴别方法可能都有自己的局限性，所以综合使用以上方法。英国帝国化学工业（ICI）采用外观、燃烧、密度和个别特殊试验相结合的方法，制定出普通塑料鉴定流程（图1-2），避免了使用实验室专用设备和药品，能鉴别二十多种常见的塑料。

1. 原料准备

使用透明容器盛装试样（可以是颗粒、薄膜或者板材等）。

2. 分组鉴别

将学生分组，按照综合鉴别流程（图1-2）进行鉴别，可以组内讨论。

3. 答辩

每组派一名同学为代表陈述鉴别结果及判断依据，其他小组同学和老师共同评议鉴别结果。

综合评价

序号	考核项目	评分标准						合计
		权重/%	优秀 90~100	良好 80~89	中等 70~79	及格 60~69	不及格 <60	
1	学习态度	10						
2	鉴别操作	40						
3	鉴别结果	20						
4	知识理解及应用能力	10						
5	语言表达能力	5						
6	与人合作	5						
7	环保、安全意识	10						

任务2 高分子材料的显色鉴别

任务介绍

通过高分子材料显色试验，判断高分子材料的类型，进行鉴别。

【知识目标】

① 掌握常见高分子材料的显色试验方法；

② 掌握常见高分子材料的显色试验特点。

【能力目标】

能进行分子材料的显色试验，能根据显色试验特征判断高分子材料类型。

【素质目标】

① 培养学生遵规守纪、按章操作的工作作风；

② 锻炼学生组织协调能力，培养其团队合作意识；

③ 培养学生具有环保意识、安全意识。

 任务分析

显色试验是在微量或半微量范围内用点滴试验来定性鉴别高分子材料的方法。一般高分子材料添加剂通常不参与显色反应，因此可以直接采用未经分离的高分子材料试样进行显色试验。但是为了提高显色反应的灵敏度，最好能预先予以分离。为了避免对试验结果做出错误解释，必要时可用已知标准试样作对比试验。

 相关知识

一、塑料的显色鉴别

1. 对二甲氨基苯甲醛显色试验

在一个干净试管中加入 5mg 试样，用小火加热令其裂解，冷却后加 1 滴浓盐酸，然后加 10 滴 1%的对二甲氨基苯甲醛的甲醇溶液，放置片刻，再加入 0.5mL 左右的浓盐酸，最后用蒸馏水稀释，观察整个过程中颜色的变化。部分高聚物材料的对二甲氨基苯甲醛显色试验如表 1-8 所示。

表 1-8　高聚物材料的对二甲氨基苯甲醛显色试验

高分子材料	加浓盐酸	加 1%的对二甲氨基苯甲醛溶液	再加浓盐酸	蒸馏水稀释
聚乙烯	无色至淡黄色	无色至淡黄色	无色	无色
聚丙烯	淡黄色至黄褐色	鲜艳的紫红色	颜色变淡	颜色变淡
聚甲基丙烯酸甲酯	黄棕色	蓝色	紫红色	变淡
聚对苯二甲酸乙二醇酯	无色	乳白色	乳白色	乳白色
聚碳酸酯	红至紫色	蓝色	紫红至红色	蓝色
聚苯乙烯	无色	无色	无色	乳白色
聚甲醛	无色	淡黄色	淡黄色	更淡的黄色
尼龙 66	淡黄色	深紫红色	棕色	乳紫红色
酚醛树脂	无色	微混浊	乳白至粉红色	乳白色
不饱和醇酸树脂(固化)	无色	淡黄色	微混浊	乳白色
环氧树脂(未固化)	无色	微混浊	乳白至乳粉红色	乳白色
环氧树脂(已固化)	无色	紫红色	淡紫红至乳粉红色	变淡
醋酸纤维素	棕褐色	棕褐色	棕褐色	淡棕褐色
聚氯乙烯模塑材料	无色	溶液无色,不溶解的材料为黄色	溶液暗棕至暗红棕色	
氯化聚氯乙烯	暗血红色	暗血红色	暗血红至红棕色	
聚偏二氯乙烯	黑棕色	暗棕色	黑色	
氯乙烯-醋酸乙烯酯共聚物	无色至亮黄色	亮黄至金黄色	黄棕至红棕色	

2. Liebermann-Storch-Morawski（李柏曼-斯托希-莫洛夫斯基）显色试验

取一个干净试管加入几毫克试样，再加入 2mL 热乙酐，令试样溶解或悬浮在热乙酐中，冷却后加入 3 滴 50%的硫酸，立即观察记录其颜色。10min 后再观察记录试样颜色，最后在水浴中将试样加热至约 100℃，观察记录试样颜色。注意试剂的温度和浓度必须稳定，否则同一种塑料会观察到不同的颜色。部分高聚物材料的 Liebermann-Storch-Morawski 显色试验如表 1-9 所示。

表 1-9　高聚物材料的 Liebermann-Storch-Morawski 显色试验

高聚物材料	立即观察颜色	10min 后观察颜色	加热至 100℃后观察颜色
环氧树脂	无色至黄色	无色至黄色	无色至黄色
酚醛树脂	红紫、粉红或黄色	棕色	红黄-棕色
聚氨酯	柠檬黄	柠檬黄	棕色,带绿色荧光
醇酸树脂	无色或黄棕色	无色或黄棕色	棕至黑色
苯乙烯醇酸树脂	不鲜明的微棕色	不鲜明的微棕色	棕色
聚乙烯醇	无色或微黄色	无色或微黄色	绿至黑色
聚乙烯醇缩甲醛	黄色	黄色	暗褐色
聚乙烯醇缩丁醛	黄棕色	金黄色	暗棕色
聚醋酸乙烯酯	无色或微黄色	无色或蓝灰色	海绿色,然后棕色
氯乙烯-醋酸乙烯酯	无色	无色	不鲜明的棕色
不饱和聚酯	无色,不可溶部分为粉红色	无色,不可溶部为粉红色	无色
马来酸树脂	紫红色然后橄榄棕	橄榄棕	
聚乙烯基醚	蓝色,然后绿蓝色	红棕色	暗棕色
香豆酮树脂	不鲜明的红色	不鲜明的红色	棕红色
酮树脂	红棕色	红棕色	红棕色
乙基纤维素	黄棕色	暗棕色	暗棕至暗红色
聚丁二烯	亮黄色	亮黄色	亮黄色
氯化橡胶	黄棕色	黄棕色	红黄-棕色

苄基纤维素、纤维素酯类、脲醛树脂、蜜胺树脂、聚烯烃、聚四氟乙烯、聚三氟氯乙烯、聚丙烯酸酯类、聚甲基丙烯酸酯类、聚丙烯腈、聚苯乙烯、聚氯乙烯、氯化聚氯乙烯、聚偏氯乙烯、氯化聚乙烯、饱和聚酯、聚碳酸酯、聚甲醛、尼龙等对该试验无显色反应。

3. 吡啶显色试验鉴别含氯塑料

含氯塑料常见的有聚氯乙烯、氯化聚氯乙烯、聚偏二氯乙烯等,它们可通过吡啶显色反应来鉴别。注意,试验前试样必须除去增塑剂,方法如下:将经乙醚萃取过的试样溶于四氢呋喃,滤去不溶成分,加入甲醇使之沉淀,在 75℃以下干燥,制成无增塑剂的试样。

(1) 与冷吡啶的显色反应

取少量试样与约 1mL 吡啶反应,过几分钟后,加入 2～3 滴约 5％的 NaOH 的甲醇溶液,立即观察产生的颜色,过 5min 和 1h 后分别再次观察记录颜色,参照表 1-10 进行鉴别。

表 1-10　用冷吡啶处理含氯高分子的显色反应

高分子材料	立即	5min 后	1h 后
聚氯乙烯模塑材料	无色	溶液无色,不溶物黄色	溶液暗棕至暗红棕色
聚氯乙烯粉末	无色至黄色	亮黄至红棕色	黄棕至暗红色
氯乙烯-醋酸乙烯酯共聚物	无色至亮黄色	亮黄至金黄色	黄棕至红棕色
氯化聚氯乙烯	暗血红色	暗血红色	暗血红色至红棕色
聚偏二氯乙烯	黑棕色	暗棕色	黑色

（2）与沸腾的吡啶的显色反应

取少量试样，加入约 1mL 吡啶煮沸，将溶液分成两部分。

第一部分：重新煮沸，小心加入 2 滴 5％NaOH 的甲醇溶液，立即观察记录颜色，5min后观察记录颜色。

第二部分：在冷溶液中加入 2 滴 5％NaOH 的甲醇溶液，立即观察记录颜色，5min 后观察记录颜色。参照表 1-11 进行鉴别。

表 1-11　用沸腾吡啶处理含氯高分子的显色反应

高分子材料	在沸腾的溶液中		在冷溶液中	
	立即	5min 后	立即	5min 后
聚氯乙烯	橄榄绿	红棕色	无色或微黄色	橄榄绿
氯化聚氯乙烯	血红色至棕红色	血红色至棕红色	棕色	暗棕红色
聚偏二氯乙烯	棕黑色沉淀	棕黑色沉淀	棕黑色沉淀	棕黑色沉淀

4. 铬变酸显色试验鉴别含甲醛高聚物

取一干净试管，加入少量试样，再加入 2mL 浓硫酸及少量铬变酸，在 $60\sim70℃$ 下加热 10min，静置 1h 后观察颜色，出现深紫色表明有甲醛。同时要做一空白试验进行对比。

因为许多高聚物（如酚醛树脂、甲酚-甲醛树脂、间苯二酚-甲醛树脂、二甲苯-甲醛树脂、呋喃树脂、脲醛树脂、硫脲-甲醛树脂、蜜胺树脂、苯胺-甲醛树脂、酪朊-甲醛树脂、聚甲醛、聚乙烯醇缩甲醛、聚甲基丙烯酸甲酯等）裂解时有甲醛放出，所以铬变酸试验对高分子材料鉴别非常重要。

有些高分子材料在这一试验中也会呈现其他颜色。如硝酸纤维素、聚醋酸乙烯酯、高取代度的醋酸纤维素、聚乙烯醇缩乙醛、聚乙烯醇缩丁醛和天然树脂松香会出现红色；聚砜呈现紫色；松香改性的香豆酮树脂呈现橙色。

5. 吉布斯靛酚显色试验鉴别含酚高聚物

先取一张滤纸，用 2,6-二氯（或溴）苯醌-4-氯亚胺的饱和乙醚溶液浸润，风干备用。在试管中加热少许试样不超过 1min，用一小片制备好的滤纸盖住试管口，试样分解后，取下滤纸置于氨蒸气中或滴上 $1\sim2$ 滴稀氨水，若有蓝色的靛酚蓝斑点出现表明有酚（包括甲酚、二甲酚）。

此法可用于鉴别酚醛树脂、双酚 A 型的聚碳酸酯、环氧树脂、香豆酮-茚树脂和某些醇酸树脂。但是要注意某些添加剂（如磷酸苯酯、磷酸甲苯酯等）也可能出现此反应。

6. 一氯和二氯醋酸显色试验鉴别单烯类高分子

将试样先粉碎，取几毫克装于干净试管中，加入约 5mL 二氯醋酸或熔化的一氯醋酸，加热至沸腾，保持 $1\sim2$min，观察记录颜色变化，对照表 1-12 进行鉴别。如果煮沸 2min 后仍不显色，则为否定的负结果。没有列出的高分子除了蛋白质、聚乙烯醇和聚丙烯酸的盐类有时会干扰反应外，其他的给出负结果。

表 1-12 单烯类高分子与一氯醋酸或二氯醋酸的显色反应

高分子材料	一氯醋酸	二氯醋酸	高分子材料	一氯醋酸	二氯醋酸
聚氯乙烯	蓝色	红-紫色	聚醋酸乙烯酯	红-紫色	蓝-紫色
氯化聚氯乙烯	无色	无色	聚氯代醋酸乙烯酯	蓝-紫色	蓝-紫色

二、橡胶的显色试验

1. 伯奇菲尔德（Burchfield）显色反应

弹性体或橡胶可用 Burchfield 显色反应来鉴别其种类，方法如下：在试管中加热裂解 0.5g 试样（必要的话，先用丙酮萃取），将产生的裂解气通入 1.5mL 的反应试剂中，冷却后，观察在反应试剂中裂解产物的颜色。丁基橡胶的裂解产物则悬浮在液体中，氯磺化聚乙烯的裂解产物会浮在液面上，而其他橡胶的裂解产物或溶解或沉在底部。进一步将裂解产物用 5mL 甲醇稀释溶液，并使之沸腾 3min，再观察其颜色。不同种类弹性体或橡胶的 Burchfield 显色反应结果见表 1-13。

表 1-13 常见橡胶的 Burchfield 显色反应结果

橡胶	裂解产物	加甲醇和煮沸后	橡胶	裂解产物	加甲醇和煮沸后
空白	微黄	微黄	丁腈橡胶	橙至红色	红至红棕色
天然橡胶、异戊橡胶	红棕色	红至紫色	丁基橡胶	黄色	蓝至紫色
聚丁二烯橡胶	亮绿	蓝绿	硅橡胶	黄色	黄色
丁苯橡胶	黄至绿色	绿色	聚氨酯弹性体	黄色	黄色

反应试剂的制备：在 100mL 甲醇中加入 1g 对二甲基氨基苯甲醛和 0.01g 对苯二酚，缓慢加热溶解后，加入 5mL 浓盐酸和 10mL 乙二醇，在 25℃ 下用甲醇或乙二醇调节溶液的密度到 0.0851g/cm³，将反应试剂装在棕色瓶中，可保存几个月。

2. 药剂试纸呈色法

首先制备药剂试纸，制备方法如下。

（1）醋酸铜试纸

称取醋酸铜 0.2g、皂黄 0.025g，溶于 50mL 甲醇中，将切好的滤纸条浸润，自然干燥后放入棕色瓶内。

称取盐酸联苯胺 0.05g，溶于 50mL 甲醇和 50mL 水的混合液中，加入 0.1% 的对苯二酚水溶液 1mL，倒入上述棕色瓶中。棕色瓶内的试纸有效期为 1 个月。

（2）硫酸汞试纸

称取黄色氧化汞 5g，放入 15mL 硫酸与 80mL 水的混合液中加热沸腾溶解，冷却后稀释至 100mL，将切好的滤纸条放入该溶液中备用。

（3）对二甲氨基苯甲醛试纸

称取对二甲氨基苯甲醛 3g，对苯二酚 0.05g，溶于 100mL 乙醚中，将滤纸条浸润，自然干燥后放入棕色瓶内。

称取 3g 氯乙酸，溶于 100mL 异丙醇中（切勿使该液体接触皮肤），倒入上述棕色瓶中，试纸浸润备用。

将红热的金属棒压在橡胶样品的表面，使样品受热分解，将产生的烟雾与浸有醋酸铜、硫酸汞或对二甲基氨基苯甲醛的试纸条接触，从试纸条呈现的颜色来判断被测样品的品种。参照表1-14。

表 1-14 橡胶在试纸上呈现的颜色

橡胶名称	试纸颜色		
	醋酸铜	硫酸汞	对二甲氨基苯甲醛
天然橡胶	不变	深棕色	蓝-紫(硫化胶呈绿色)
氯化天然橡胶	紫	不变	蓝
丁苯橡胶	不变	黑中带黄	黄绿(墨绿)
顺丁橡胶	不变	深棕色	蓝
氯丁橡胶	红(紫)	初呈褐色,稍后黑色	绿(蓝)
丁腈橡胶	墨绿	深棕色	橙(绿)
丁基橡胶	不变	鲜黄色	紫蓝
溴化丁基橡胶	紫	不变	蓝
异丁橡胶	不变	鲜黄色	紫蓝
聚硫橡胶	不变	黄褐色	绿
聚氨酯橡胶	不变	不变	深黄
聚丙烯酸酯橡胶	不变	不变	浅黄
硅橡胶	不变	不变	不变
氟-26橡胶	紫	不变	蓝
环化橡胶	不变	黄	蓝紫
丁钠橡胶	不变	黑中带黄	蓝
丁吡橡胶	不变	黑	蓝中带紫

 任务实施

高分子材料的显色鉴别。

方案一：将学生分组，按照某种显色试验操作方法选择原料，进行显色试验，鉴别材料类型，根据选择的方案和试验操作过程进行考核。

方案二：给出几种常见的高分子材料，学生分组设计显色鉴别实验方案，写出报告。学生之间可以组内讨论，每组派一名同学为代表陈述鉴别结果及判断依据，其他小组同学和老师共同评议鉴别结果。

综合评价

序号	考核项目	评分标准						
		权重/%	优秀 90~100	良好 80~89	中等 70~79	及格 60~69	不及格 <60	合计
1	学习态度	10						
2	鉴别操作	40						
3	鉴别结果	20						
4	知识理解及应用能力	10						
5	语言表达能力	5						
6	与人合作	5						
7	环保、安全意识	10						

任务 3 高分子材料添加剂鉴别

任务介绍

对常见的高分子材料添加剂（增塑剂、抗氧剂、填料）进行定性或定量分析。

【知识目标】

① 熟悉常见的高分子材料添加剂；

② 掌握常见的高分子材料添加剂的分析方法。

【能力目标】

能对常见的高分子材料添加剂（增塑剂、抗氧剂、填料）进行定性或定量分析。

【素质目标】

① 培养学生遵规守纪、按章操作的工作作风；

② 锻炼学生组织协调能力，培养其团队合作意识；

③ 培养学生具有环保意识、安全意识。

任务分析

高分子材料添加剂是指少量加入到高分子材料中，可以改善其成型加工性能、降低成本或赋予制品某种性能的一类化学物质。高分子材料添加剂种类繁多，往往一个制品中会含有多种添加剂，有时对高分子材料和添加剂的鉴别都会产生影响，所以需要将添加剂和高分子材料进行分离，然后进行鉴别。

相关知识

一、增塑剂

增塑剂指的是添加到高分子材料中能使高分子材料的塑性增加的物质。增塑剂的主要作用是削弱聚合物分子之间的次价键（即范德华力），使聚合物分子链的移动性增加，使聚合物分子链的结晶性降低，即使聚合物的塑性增加，硬度、模量、软化温度和脆化温度下降，而伸长率、曲挠性和柔韧性提高。工业上对增塑剂需求量最大的是聚氯乙烯及氯乙烯的共聚物，聚醋酸乙烯酯、纤维素酯类、丙烯酸类树脂等也常需增塑剂。

增塑剂主要是酯类化合物，最常用的酯类是邻苯二甲酸、磷酸、己二酸、癸二酸、壬二酸或脂肪酸的酯。一般来说，醇的碳原子数为8~10的酯适合做聚氯乙烯的增塑剂，而碳原子数较小的醇如甲醇、乙醇、丁醇适合于做纤维素酯、丙烯酸类树脂的增塑剂。天然橡胶、丁苯橡胶这样的非极性高分子材料一般使用矿物油做增塑剂，如有机硅油等。

1. 混合增塑剂的鉴别

因为增塑剂经常混合使用，因而用萃取或其他方法分离出的增塑剂可能是一种混合物，所以在进一步鉴别之前，先确定是否是混合物，是否需要进一步进行分离。

方法：将萃取物溶于四氯化碳，在一根硅胶/寅式盐柱中分别用1.5%、2.0%、3.0%和4.0%的异丙醚洗提，收集级分。除掉每种级分的溶剂，然后测量各级分的密度、沸点、折射率以及用紫外光谱测定。如果各级分的测定结果一样，说明是一种成分，否则是混合物。还可以采用真空分馏萃取液，在判别的同时也进行了分离工作。

2. 密度、折射率和沸点鉴别

经萃取得到的增塑剂最好进行一次精馏，然后测定密度、沸点和折射率，根据文献值进行初步鉴别。密度和折射率的测定可根据 ASTM D1045—95 塑料用增塑剂的标准测定方法进行。表 1-15 列出了常用四类增塑剂的密度、折射率和沸点。

表 1-15　四类增塑剂的密度、折射率和沸点

增塑剂		密度/(g/cm³)(温度/℃)	折射率(温度/℃)	沸点或沸程/℃(压力/Pa)
邻苯二甲酸酯类	二甲酯	1.189(25)	1.514(25)	282~285(1×10⁵)
		1.195(15.5)	1.517(20)	
	二乙酯	1.120(25)	1.500(25)	290~300(1×10⁵)
	二正丁酯	1.045(25)	1.491(25)	340(1×10⁵)
	二戊酯	1.024(15.5)	1.487	336~340(1×10⁵)
	二己酯	1.0085(20)	1.487(20)	340~350(1×10⁵)
	二正辛酯	0.966(25)	1.480(25)	229(6×10²)
	二(2-甲基庚)酯	0.986(20)	1.486(20)	228~237(5.3×10²)
	二(2-乙基己)酯	0.986(20)	1.486(20)	230(6.7×10²)
磷酸酯类	辛二苯酯	1.090(25)	1.508(25)	375
	三甲苯酯	1.162(25)	1.553(25)	260~275(1.3×10³)
		1.180(15.5)	1.560(20)	
	三(2-乙基己)酯	0.926(20)	1.443(20)	216(6.7×10²)
	三苯酯	1.25(15)	—	熔点45℃
己二酸酯类	二异丁酯	0.957(20)	1.428(25)	145~163(5.3×10²)
	二正己酯	0.929~0.936(25)	1.439(25)	143~183(4×10²)
	二正辛酯	0.915(20)	1.440(25)	211~217(5.3×10²)
	二(2-甲基庚)酯	0.928(20)	1.448(25)	213~223(5.3×10²)
	二(2-乙基己)酯	0.927(20)	1.446(25)	208~218(5.3×10²)
	二壬酯	0.914(25)	1.445(25)	230(6.7×10²)
癸二酸酯类	二正辛酯	0.907(20)	1.444(25)	230~240(5.3×10²)
	二(2-甲基庚)酯	0.917(20)	1.447(25)	248~255(5.3×10²)
	二(2-乙基己)酯	0.911(20)	1.451(25)	256(6.7×10²)
		0.913(20)	1.450(20)	264(8×10²)

3. 皂化值和酸值

(1) 皂化值的测定

增塑剂皂化值是指与 1g 增塑剂试样中的酯（包括游离酸）反应所需的氢氧化钾的毫克数。

测定步骤（参照 ASTM 1045；DIN 53401）如下：准备一个干净的 250mL 锥形瓶，准确称取 2g 试样放入锥形瓶中，再加入 50.0mL 0.5mol/L 的氢氧化钾乙醇溶液。将锥形瓶装上带有碱石灰干燥管的回流冷凝管，加热回流 1~4h（直至皂化完全）。用少许乙醇冲洗冷凝管几次，然后趁温热以溴酚蓝为指示剂，用 0.5mol/L 盐酸回滴过量的碱直至紫色变为黄色为终点。同时做一空白试验。

$$皂化值 = 56.1 \times \left[\frac{(V_0 - V)c}{m} \right] \qquad (1-1)$$

式中 V——滴定试样所消耗的 HCl 的体积，mL；

V_0——滴定空白试样所消耗的 HCl 的体积，mL；

c——HCl 溶液的浓度，mol/L；

m——试样质量，g。

（2）酸值的测定

增塑剂酸值是指中和 1g 增塑剂试样所消耗的氢氧化钾的毫克数，它表征了试样中游离酸的总量。

测定方法（参照 ASTM D2849；DIN 53402）如下：准备一个干净的 250mL 锥形瓶，准确称取 5～50g 增塑剂试样放入锥形瓶中，再放入 50mL 苯和乙醇的等体积混合液，待试样完全溶解后，立即用 0.1mol/L 氢氧化钾的乙醇溶液滴定，以酚酞为指示剂，出现浅粉红色为终点。同时做一空白试验。

酸值按下式计算

$$酸值 = 56.1 \times \left[\frac{(V - V_0)c}{m} \right] \qquad (1-2)$$

式中 V——滴定试样所消耗的 KOH 的体积，mL；

V_0——滴定空白试样所消耗的 KOH 的体积，mL；

c——KOH 溶液的浓度，mol/L；

m——试样质量，g。

4. 元素分析

利用元素分析方法对增塑剂进行检测，确定除 C、H、O 外，是否还有 N、S、Cl、P 这些元素。

① 测得大量的 Cl，表明存在氯化石蜡；

② 同时测得 S 和少量 Cl，说明存在烷基磺酸芳香酯；

③ 同时测得 S 和 N，说明存在磺酰胺；

④ 检测到痕量的 S，可能存在脂肪烃或芳烃类增塑剂；

⑤ 检测到 P，表明存在磷酸酯类增塑剂。

二、抗氧剂

高分子材料抗氧剂指的是能够抑制或者延缓高分子材料在空气中氧化的物质。在橡胶行业中，又称为防老剂，主要是受阻酚类或芳香胺类。塑料的抗氧剂一般在聚合时就已经加入。

抗氧剂很容易溶于普通有机溶剂中，因而通常可用萃取法与聚合物分离后再进行测定。聚烯烃中的抗氧剂的分离，也常用甲苯溶解后再用乙醇沉淀聚合物的方法。

1. 定性分析

（1）对苯二胺类

方法 1：向萃取液中加少许 4% 过氧化苯甲酰的苯溶液，芳香取代的对苯二胺呈现出黄色到橙黄色，加入氯化亚锡后变为红紫到蓝色。

方法 2：向萃取液中加少量新配的 1％氟硼酸的 4-硝基苯重氮盐的甲醇溶液（含几滴浓盐酸），芳香胺出现红、紫或蓝色现象。

（2）酚类

向萃取液中加几滴稀氢氧化钠溶液，再加几滴 1％氟硼酸的 4-硝基苯重氮盐甲醇溶液，如果出现有色偶氮染料，证明有酚类抗氧剂存在。当邻位或对位取代的酚没有反应时，可加入等体积的密隆试剂（将 10g 汞溶于 10mL 密度为 1.42g/cm³ 的硝酸中，温和加热，然后用 15mL 蒸馏水稀释）到溶于甲醇的萃取液中，酚类呈现黄到橙色。

2. 定量分析

（1）受阻酚类抗氧剂含量的可见光谱分析

① 偶合试剂制备。

A 液的制备：准确称取 2.800g 对硝基苯胺，溶于 10mL 热浓盐酸中，用水稀释至 250mL，冷却后用水调至 250mL，制成 A 液。

B 液的制备：取 1.44g 亚硝酸钠溶于水，调至 250mL，制成 B 液。

使用前各移取 A、B 液 25mL 放于烧杯中混合，用冰冷却至 10℃ 以下，向液体中通入氮气鼓泡，令其回到室温，最后加入 10mg 尿素以消除过剩的亚硝酸。

注意该试剂只能稳定存在几小时，所以要现用现配。

② 测定步骤。称取 2.00g 高聚物粉末试样，用 95％乙醇或甲醇溶液萃取 16h。萃取液转移至 100mL 容量瓶中，用萃取剂调至刻度。从其中移取 10mL 溶液放于 100mL 容量瓶中，加入 2mL 偶合试剂，再加入 3mL 4mol/L 的氢氧化钠溶液，混匀后加萃取剂调至刻度。至少稳定 2h 后，在 400～700nm 下测定吸光度，从相应标准工作曲线上查出抗氧剂含量。

常见酚类抗氧剂的最大吸收波长分别为：对苯二酚苄醚，565nm；抗氧剂 2246，578nm；α-萘酚，598nm；β-萘酚，540nm；三（壬基苯基）磷酸酯，565nm；4,4'-硫代双（2-甲基-6-叔丁基苯酚），565nm。

（2）聚乙烯中抗氧剂 N,N'-二(β-萘基)对苯二胺的测定

① 过氧化氢硫酸溶液的配制。将 25mL 20％（体积百分数）的硫酸加入到 4mL 30％的过氧化氢中，用水稀释至 100mL，制成过氧化氢硫酸溶液。

② 测定步骤。准备一个干净的 50mL 圆底烧瓶、冷凝管，称取 1g 聚乙烯试样置于圆底烧瓶中，加入 2g 碎玻璃，再加入 10mL 甲苯，用水浴加热至回流，经常摇晃烧瓶直至溶解。用 15～20mL 乙醇清洗冷凝管，取出烧瓶塞好瓶塞，剧烈摇动，使聚合物沉淀出来。冷却、过滤，滤液放入 100mL 容量瓶中，用乙醇定容。移取 20mL 滤液到试管中，加入 2mL 过氧化氢的硫酸溶液，混匀、静置。在 430nm 下测定产生的绿色溶液的吸光度，将 25～40min 后达到的最大读数作为吸光度值，通过工作曲线计算抗氧剂的含量。作工作曲线时，所用标准试样［N,N'-二(β-萘基)对苯二胺］的浓度范围为 0～0.0008g/20mL。

三、填料

填料又称填充剂，是指用以改善高分子材料的加工性能、高分子材料制品的力学性能并（或）降低成本的固体物料。

1. 定性鉴别

（1）形态和密度

常见填料的微观形态区别很大，一般可以通过显微镜或高倍放大镜观察填料的形态，再

结合密度数据可以进行鉴别。表 1-16、表 1-17 分别给出了常见填料的形态和密度。

（2）组成

无机填料可以通过元素分析，参照表 1-18 进行鉴别。

表 1-16　常见填料颗粒的形态

形态	填料
片状	滑石粉、高岭土、云母、石墨、三水合氧化铝
球状或块状	炭黑、合成 SiO_2 粉、碳酸钙、砂、石英粉、玻璃球、微玻璃珠、大多数石粉
针状或短纤维	碳纤维、玻璃纤维、晶须纤维、炉渣纤维、弗兰克林纤维(结晶硫酸钙)、石棉、硅灰石
长纤维	棉纤维、麻纤维、玻璃纤维、碳纤维、石墨纤维、果壳纤维、硼纤维、氧化铝等陶瓷纤维、石英纤维、金属纤维、合成纤维、木粉

表 1-17　常见填料和增强材料的密度

填料	密度/(g/cm^3)	填料	密度/(g/cm^3)
碳纤维	1.3～1.8	石墨纤维	1.4～2.6
碳晶须	1.66	炭黑	1.8～2.1
硼晶须	1.83	硅藻土	2.3
氢氧化铝	2.4	玻璃纤维、玻璃球	2.5～2.9
碳化硼晶须	2.52	高岭土	2.58
长石(白花岗岩)	2.6	方解石	2.60～2.75
砂、石英、SiO_2	2.65	碳酸钙	2.7
赤泥	2.7～2.9	云母	2.8
白云石	2.80～2.90	滑石	2.9
硅灰石	2.9	碳酸镁	3.0～3.1
碳化硅晶须	3.19	三氧化二铝	3.96
重晶石	4.3～4.6	铁晶须	7.85
铜晶须	8.92	镍晶须	9.95

表 1-18　某些填料的主要化学成分　　　　　　　　　单位：％

填料	SiO_2	Al_2O_3	Na_2O	K_2O	CaO	MgO	TiO_2	Fe_2O_3	H_2O
长石	67.8	19.4	7.0	3.8	1.7			<0.08	0.2
霞石	61.0	23.3	9.8	4.6	0.7				0.6
滑石	63.5					31.7			4.8
石棉	43.50					43.46			13.04
煅烧高岭土	52.1～52.9	44.4～45.2					0.8～2.0		0.5～0.9
硅藻土	91.9	3.3	1.8	0.3	0.5	0.5		1.2	
赤泥	14～20	15～30	碱性化合物 7%～9%					2.5～4	30～45

2. 定量分析

一般填料与塑料不相容，因此采用较简单的方法就可以分离出来。如果是单一填料，分离后称重直接就得到其含量；如果是混合物，再根据化学性质的差别进行分离。分离和定量分析的方法主要有溶解法和灰化法。

（1）溶解法

未交联高分子材料：常能选择适当的溶剂将高聚物溶解，而留下填料。

交联高聚物或其他难溶高聚物：可以用化学分解的方法如水解、酸解、碱解、胺解等，使高聚物分解而溶于溶剂。

例如，测定天然橡胶中填料含量可以采用以下方法。

称取0.1g橡胶，加入20g沸腾的对二氯苯，在10min内慢慢加入5mL叔丁基过氧化氢，煮沸2h，再加入5mL矿物油，然后煮沸至完全溶解，用3号玻璃熔砂漏斗过滤出填料，用热的稀硝酸（3∶1）洗涤（除掉吸收在炭黑上的残余高聚物），水洗，烘干称重。

（2）灰化法（适用于无机填料）

将含无机填料的高分子材料在高温下焙烧，高分子被烧掉，剩下无机填料。灰化最好在裂解管中进行，样品装在由金属或陶瓷制成的小舟内，裂解管通惰性气体。材料在高温下的变化比较复杂，所以灰化的条件十分重要。大多数高分子材料可以使用500℃左右，热塑性高分子材料可以低一些，热固性高分子材料要高一些。

高分子在加热分解后首先会产生大小不等的碎片，有的不能挥发而成为残渣，它们在较高的温度下炭化，形成的炭黑在空气中灼烧才能完全被氧化成CO_2而除掉，所以一般填料的测定应在空气中进行。但是炭黑在500℃空气中燃烧会完全被氧化成CO_2，而在氮气中质量损失小于1％，因此，测量炭黑含量必须在氮气环境下灰化。

任务实施

高分子材料的添加剂的鉴别分析。

将学生分组，分别进行下述添加剂的分析，根据分析操作过程、分析结果进行讨论和答辩，进行考核。

1. 邻苯二甲酸酯类的定性鉴别

称取约0.05g间苯二酚和苯酚分别放入两个试管，在每一试管中分别加入3滴增塑剂和1滴浓硫酸。将试管浸入160℃油浴中3min，冷却后，加入2mL水和2mL10％氢氧化钠溶液，混匀。如果有邻苯二甲酸酯类存在，装有间苯二酚的试管中应呈现显著的绿色荧光，而装有苯酚的试管应出现酚酞的红色。

2. 酚类增塑剂的定性鉴别

溶解10mg增塑剂试样于5mL0.5mol/L的氢氧化钾乙醇溶液中。将烧杯浸入沸水浴中10min以挥发大部分乙醇，加入2mL水溶解并加入2.5mL1mol/L盐酸中和。移取1mL此溶液到试管中，加入2mL硼酸盐缓冲溶液（23.4g$Na_2B_4O_7 \cdot 10H_2O$溶于900mL温水中，加入3.27g氢氧化钾，冷却后加水至1L）和5滴新配的指示剂溶液（0.1g2,6-二溴苯醌-4-氯亚胺溶解于25mL乙醇中），若立即出现靛酚蓝色，表明存在酚类增塑剂。

3. 环氧增塑剂的定性鉴别

取1滴增塑剂试样，加入4滴葡萄糖的水溶液和6滴浓硫酸，缓慢旋摇，出现紫色，表明有环氧化合物。

综合评价

序号	考核项目	权重/%	评分标准					合计
			优秀 90~100	良好 80~89	中等 70~79	及格 60~69	不及格 <60	
1	学习态度	10						
2	鉴别操作	40						
3	鉴别结果	20						
4	知识理解及应用能力	10						
5	语言表达能力	5						
6	与人合作	5						
7	环保、安全意识	10						

任务 4 常见高分子材料的定性、定量分析

任务介绍

对常见的高分子材料（聚烯烃、苯乙烯类高分子、含卤素类高分子、其他单烯类高分子、杂链高分子及其他高分子）进行定性或定量分析。

【知识目标】
掌握常见高分子材料的定性、定量分析方法。

【能力目标】
能对常见高分子材料进行定性、定量分析。

【素质目标】
① 培养学生遵规守纪、按章操作的工作作风；
② 锻炼学生组织协调能力，培养其团队合作意识；
③ 培养学生具有环保意识、安全意识。

任务分析

聚烯烃、苯乙烯类高分子、含卤素类高分子、其他单烯类高分子、杂链高分子是常见的高分子材料，对其进行定性、定量分析的方法较多，要根据高分子材料类型选择适当的方法进行分析。

相关知识

一、聚烯烃

1. 熔点测定

聚烯烃的熔点差别较大，可作为鉴别的依据。例如，聚乙烯（$d=0.92g/cm^3$）约为110℃，聚乙烯（$d=0.94g/cm^3$）约为120℃，聚乙烯（$d=0.96g/cm^3$）约为128℃，聚丙烯（$d=0.90g/cm^3$）约为160℃，聚异丁烯（$d=0.91\sim0.92g/cm^3$）为124~130℃。

2. 汞盐试验

氧化汞硫酸溶液的制备：将 5g 氧化汞溶于 15mL 浓硫酸和 80mL 水中制得。

在试管中裂解试样，用浸润过氧化汞硫酸溶液的滤纸盖住管口。滤纸上若呈现金黄色斑点表明是聚异丁烯、丁基橡胶或聚丙烯（后者要在几分钟后才出现斑点），聚乙烯没有反应。

为了区分聚丙烯和聚异丁烯，将裂解气引入 5％醋酸汞的甲醇溶液中，然后将溶液蒸干。用沸腾的石油醚萃取剩下的固体，过滤，浓缩滤液。结晶出熔点为 55℃的长针状晶体的是聚异丁烯，聚丙烯不形成晶体。

二、苯乙烯类高分子

1. 定性鉴别

（1）解聚试验

将试样置于试管中，加热使之解聚，根据是否产生苯乙烯单体气味来进行鉴别。并且，也可根据这种单体在紫外灯照射下会显示紫色的荧光进行鉴别。

（2）二溴代苯乙烯试验

取少量试样于小试管中裂解，用一团玻璃棉塞住试管口让裂解产物凝聚在玻璃棉上，冷却后用乙醚萃取玻璃棉。让溴蒸气通过萃取液直至由于溴过量而刚好出现黄色为止，在表面皿上蒸去乙醚，产物用苯重结晶，所得的二溴代苯乙烯晶体的熔点应为 74℃。

注意本实验应在通风橱中进行，注意安全。

（3）靛酚试验检验苯乙烯

因为苯乙烯类高分子和发烟硝酸反应形成硝基苯化合物，热解时有苯酚释出，所以可用靛酚试验鉴别。

首先准备一张浸有 2,6-二溴苯醌-4-氯亚胺的饱和乙醚溶液并风干了的滤纸。在试管中放少许试样和 4 滴发烟硝酸，蒸发酸至干，然后用小火加热试管中部，慢慢将试管上移，让火焰直接加热试管内残留物令其分解，试管口用事先准备好的滤纸盖住。热解后，取下滤纸在氨蒸气中熏或滴上 1～2 滴稀氨水，若有蓝色出现表明有苯乙烯存在。

要注意操作的第一步若发烟硝酸没除干净，试纸会变棕色而影响蓝色的观察。

（4）聚苯乙烯、ABS 和丁二烯-苯乙烯共聚物的鉴别

可以根据 ABS 在杂原子试验中含有氮进行 ABS 的鉴别。

丁二烯-苯乙烯共聚物可以用偶氮染料反应进行检测。先取 1～2g 用丙酮萃取过的试样与 20mL 硝酸一起加热回流 1h，然后加入 100mL 蒸馏水稀释，用乙醚分三次（50mL、25mL、25mL）萃取。合并萃取液，用 15mL 蒸馏水洗涤一次，弃掉水层。乙醚层用 15mL 1mol/L 的氢氧化钠萃取三次，合并碱液层。最后再用 20mL 蒸馏水洗涤乙醚层，将洗液与碱液合并，以浓盐酸调节到恰呈酸性，然后加入 20mL 浓盐酸。在蒸汽浴上加热，然后加入 5g 锌粒还原，冷却后加入 2mL 0.5mol/L 亚硝酸钠。将此重氮化了的溶液倒入过量的 β-萘酚的碱溶液中。若形成红色溶液，表明有丁二烯-苯乙烯共聚物，而聚苯乙烯则生成黄色溶液。

2. 定量分析

（1）聚苯乙烯中苯乙烯含量的测定［威奇斯（Wijs）溶液定量测定法］

准备一个干净的 250mL 锥形瓶，称取约 2g 试样放入锥形瓶里，用 50mL 四氯化碳溶解。加入 10mL 威奇斯溶液（即三氯化碘和碘的冰醋酸溶液），塞住锥形瓶，15～20℃下、在暗处放置 15min。然后加入 15mL 10％碘化钾溶液和 100mL 蒸馏水，立即塞住锥形瓶并振摇。以

0.05mol/L 硫代硫酸钠标准溶液滴定过量的碘，用淀粉为指示剂。同时做一空白试验。

$$苯乙烯的质量分数 = 104 \times \frac{c(V_0 - V)}{1000m} \times 100\% \tag{1-3}$$

式中　V_0——滴定空白所需 $Na_2S_2O_3$ 标准溶液体积，mL；

V——滴定试样所需 $Na_2S_2O_3$ 标准溶液体积，mL；

c——$Na_2S_2O_3$ 标准溶液的浓度，mol/L；

m——试样质量，g。

（2）丁二苯乙烯共聚物中聚苯乙烯均聚物含量的测定

叔丁基过氧化氢溶液的配制：将 6 份叔丁基过氧化氢与 4 份叔丁醇混合均匀，一般可以保存几个月。

四氧化锇溶液的配制：在 100mL 苯中溶解 80mg OsO_4，一般可以贮存几个月。若出现黑色沉淀，说明已经分解成三氧化二锇，需重新配制。

准备一个干净的 250mL 锥形瓶，取约 0.5g 试样放入锥形瓶中，加入 50mL 对二氯苯（温热到 60℃），在 130℃下加热直至试样溶解。冷却到 80～90℃，加入 10mL 60％叔丁基过氧化氢溶液，然后加入 1mL 用苯处理过的 0.003mol/L OsO_4 溶液。在 110～115℃下加热混合液 10min，然后冷却至 50～60℃，加入 20mL 苯，再缓慢加入 250mL 乙醇，边搅拌边用几滴浓硫酸酸化。若有沉淀生成，证明有均聚苯乙烯，待沉淀沉降后，用适宜的熔砂漏斗定量地过滤溶液，沉淀用乙醇洗涤，在 110℃下干燥 4h。

$$苯乙烯均聚物的质量分数 = \frac{m_0}{m} \times 100\% \tag{1-4}$$

式中　m_0——沉淀的质量，g；

m——试样的质量，g。

（3）ABS 的共聚组成分析

准备一个干净的 50mL 圆底烧瓶，将研磨细的不超过 0.5g 的试样与 20～30mL 甲乙酮放入圆底烧瓶中，煮沸（未交联的试样会溶解，交联的试样只会溶胀），然后在约 60℃下加入 5mL 叔丁基过氧化氢和 1mL 四氧化锇溶液煮沸 2h，如果仍未溶解，再补加 5mL 叔丁基过氧化氢和 1mL 四氧化锇溶液煮沸 2h。

上述试液用 20mL 丙酮稀释，用 2 号熔砂漏斗过滤，滤渣为填料，用丙酮洗涤、干燥并称重。将滤液逐滴加入到甲醇（体积为滤液体积的 5～10 倍）中。通过加热或冷却，或加入几滴氢氧化钾的乙醇溶液，使苯乙烯-丙烯腈共聚物组分沉淀下来。用 2 号熔砂漏斗过滤，在 70℃下真空干燥，并称重。

通过微量分析或半微量分析，分别测定原始试样和苯乙烯-丙烯腈共聚物组分（SA）的氮含量。

$$丙烯腈质量百分数 = 3.787 \times 试样中氮的质量百分数 \tag{1-5}$$

$$苯乙烯质量百分数 = \frac{m_1}{m} \times 100 - 3.787 \times SA 中氮的质量百分数 \tag{1-6}$$

$$丁二烯质量百分数 = 100 - \left(\frac{m_1 + m_2}{m}\right) \times 100 - 3.787 \times$$

$$（试样中氮的质量百分数 - SA 中氮的质量百分数） \tag{1-7}$$

式中　m_1——SA 沉淀质量，g；

m_2——填料质量，g；

m——试样质量，g。

（4）苯乙烯-马来酸酐共聚物中马来酸酐含量

准备一个干净的 200mL 锥形瓶，准确称取 1g 试样于锥形瓶中，加入 50mL 甲苯。溶好之后，滴加 3 滴 0.5％百里酚蓝甲醇溶液，用 0.1mol/L 的 CH_3ONa 的甲苯/甲醇（1∶1）溶液进行滴定。滴定终点为深绿色，并保持 1min 以上。同时做一空白试验。

$$马来酸酐(\%)=\frac{0.1\times F\times(V-V_0)\times98.06}{1000m}\times100 \tag{1-8}$$

式中　V_0——滴定空白试样所需标准溶液的体积，mL；

V——滴定试样所需标准溶液的体积，mL；

F——滴定液的力价，近似为 1.0（必须用纯度高含水少的试剂和溶剂）；

m——试样质量，g。

三、含卤素类高分子

1. 含氯高分子

（1）定性鉴别

通过元素的定性分析检验出氯后，可以用以前介绍的吡啶显色试验进一步区分是哪一个品种。还可以用下列特殊方法进一步证实。

① 氯乙烯。将几毫克试样溶于约 1mL 吡啶中，煮沸 1min，冷却后加入 1mL 0.5mol/L KOH 乙醇溶液，若快速呈现棕黑色，证明有聚氯乙烯存在。接着在其中加入 1mL 0.1％的 β-萘胺在 20％硫酸水溶液中形成的溶液，并加入 5mL 戊醇，激烈振摇，在几小时内有机层呈现粉红色。分离出有机层，用 10mL 1mol/L 氢氧化钠溶液碱化时颜色变黄，酸化后使颜色又变回粉红色。

② 氯化聚氯乙烯。根据氯化聚氯乙烯与吗啉产生特征的显色反应进行鉴别，反应生成的溶液是红棕色。也可根据氯化聚氯乙烯在乙酸乙酯中有良好的溶解性进行鉴定。

③ 聚偏二氯乙烯。根据聚偏二氯乙烯与吗啉能发生特征的显色反应进行鉴别。将一小块试样浸入 1mL 吗啉中，如果试样中有聚偏二氯乙烯，2min 就出现暗红棕色，然后很快就变黑，几小时后溶液变浑且几乎完全成为黑色。另外，聚偏二氯乙烯不溶于四氢呋喃和环己酮，可以与聚氯乙烯区分开。

④ 氯乙烯-醋酸乙烯酯共聚物。根据氯乙烯-醋酸乙烯酯共聚物裂解时有醋酸释出，用碘或硝酸镧与之反应进行检测。

将装有试样的试管在小火上加热 20min。冷却后，用 1～2mL 蒸馏水将试管壁上的冷凝物冲下。将溶液过滤至另一试管中，加入 0.5mL 5％硝酸镧溶液，再加入 0.5mL 0.005mol/L 碘溶液。将混合物煮沸，稍冷却后，用移液管小心加入 1mol/L 氨溶液，使之明显分层，若界面处产生蓝色环，证明有醋酸存在。

（2）定量分析

聚氯乙烯中常添加含铅稳定剂，采用重量法无需分离试样就可以测定铅的含量。

准备一个干净的烧杯，取约 10g 研细了的聚氯乙烯放在烧杯中，加入 50mL 浓硫酸，加热直至试样变为暗色和黏稠，冷却片刻，小心加入 20mL 浓硝酸，再次加热，重复加硝酸和加热直到溶液变成亮黄色。然后煮沸浓缩成 10～15mL，令其冷却，用约 80mL 水稀释，用氨水使它略带碱性，加入 100mL 醋酸铵溶液（120mL 25％氨水＋140mL 冰醋酸＋170mL水），煮沸片刻，过滤，将残渣连同漏斗一起放在醋酸铵溶液中再次煮沸，然后再次过滤。用少量热的醋酸铵溶液洗涤残渣，然后用水洗涤。将所有滤液和洗涤液合并、煮沸，加入重铬酸钾作为沉淀剂，使铅以铬酸铅的形式沉淀下来。将其再多煮沸 15min，令沉淀沉下，用瓷芯漏斗过滤，用水洗后在 150℃下干燥 2h，称重。

$$铅的质量分数 = 64.01 \times \frac{m_1}{m} \tag{1-9}$$

式中　m_1——沉淀质量，g；

　　　m——试样质量，g。

2. 含氟高分子

可以采用元素检测分析法，结合常见高分子含氟量进行鉴别。含氟树脂与其他高分子主要根据以下性质予以区别：

① 可以耐各种浓的无机酸和碱，室温下不溶于任何溶剂；

② 高的密度值：2.1～2.2g/mL。

常见的聚四氟乙烯和聚三氟氯乙烯可以用简单的方法加以鉴别。聚三氟氯乙烯的耐化学腐蚀性不如聚四氟乙烯好，且熔点较低，聚三氟氯乙烯熔点为 220℃，聚四氟乙烯熔点为 327℃。用定性检出氯的办法也可以分辨出聚三氟氯乙烯。

四、其他单烯类高分子

1. 聚乙烯醇

（1）定性鉴别

① 硼砂试验。配制高浓度的聚乙烯醇溶液，取一滴放在点滴板上，再加一滴饱和硼砂溶液，若交联呈黏胶状则为聚乙烯醇。

② 碘试验。在干净的锥形瓶中分别加入 5mL 聚乙烯醇水溶液、2 滴 0.05mol/L 碘的碘化钾溶液，然后用水稀释到刚刚能辨认颜色（蓝色、绿色或黄绿色）。取 5mL 此溶液与几毫克硼砂一起振摇，然后用 5 滴浓盐酸酸化，若出现深绿色表明是聚乙烯醇。

③ 荧光试验。准备一个干净试管，加入 0.5g 试样、0.5g 浓硫酸、0.2g 间苯二酚，加热。冷却后，溶液在可见光下呈绿褐色，在紫外光下发出较强的青色荧光，证明是聚乙烯醇。

（2）定量分析

① 聚乙烯醇含量的比色分析。取 2mL 中性或弱酸性的聚乙烯醇溶液，在 20℃下加入 80mL 0.003mol/L 碘和 0.32mol/L 硼酸的混合溶液，混合后在 670nm 下测量吸光度，计算聚乙烯醇浓度。同时配制已知溶液作为比色参比。

② 残留醋酸基含量的分析。准备一个干净的 250mL 锥形瓶，称取约 1.5g 试样于锥形瓶中，用 70～80mL 水回流溶解。所得溶液以酚酞为指示剂，用 0.1mol/L 氢氧化钠中和，然后加入 20mL 0.5mol/L 氢氧化钠，回流 30min，冷却后，用 0.5mol/L 的盐酸滴定，以酚酞为指示剂。同时做一空白试验。

$$醋酸基质量百分数 = \frac{59.04 \times c(V_0 - V)}{1000m} \times 100 \tag{1-10}$$

式中　V_0——滴定空白所消耗的盐酸标准溶液的体积，mL；

V——滴定试样所消耗的盐酸标准溶液的体积，mL；

c——盐酸标准溶液的浓度，mol/L；

m——试样质量，g。

2. 聚醋酸乙烯酯

李柏曼-斯托希-莫洛夫斯基显色试验以及一氯醋酸、二氯醋酸显色试验可用来鉴别聚醋酸乙烯酯。另外，所有含醋酸乙烯酯的聚合物热分解都产生醋酸，可以利用这一点来进行鉴别。

首先取一试管裂解少量试样，并取一团棉花用水浸润，放在试管口，吸收逸出的气体。然后用水冲洗棉花，并将得到的溶液收集在另外一个试管中，加 3～4 滴 5％硝酸镧、1 滴 0.05mol/L 碘的碘化钾溶液和 1～2 滴浓氨水。变为深蓝色或几乎黑色的是聚醋酸乙烯酯，变为微红色的是聚丙烯酸酯。还可用以下试验进一步证实：0.05mol/L 碘的碘化钾溶液与聚醋酸乙烯酯反应得紫-褐色，用水洗时颜色加深。

3. 聚乙烯醇缩醛

可以通过碘试验鉴别聚乙烯醇缩甲醛、缩乙醛和缩丁醛。

反应试剂的制备：取 10mL 50％醋酸和 7mL 碘的碘化钾溶液（由 1g 碘化钾、0.9g 碘、40mL 水、2mL 甘油配制而成）混合均匀。然后取无增塑剂的试样与 1～2 滴反应试剂混合，反应 1min 后用水冲洗，观察试样颜色，根据表 1-19 鉴别。

表 1-19　聚乙烯醇缩醛类碘试验鉴别

高分子材料	颜　　色
聚乙烯醇缩甲醛	蓝到暗紫色
聚乙烯醇缩乙醛	绿色
聚乙烯醇缩丁醛	绿色

4. 聚（甲基）丙烯酸酯

（1）聚丙烯酸酯类和聚甲基丙烯酸酯类的鉴别

① 裂解蒸馏。

聚甲基丙烯酸酯类几乎能定量地解聚成单体，而聚丙烯酸酯类降解时只产生少量单体，且降解产物呈黄色或棕色，带酸性并有强烈气味，可根据此点进行鉴别。

对于聚甲基丙烯酸酯类，可用下法进一步鉴别：将试样和石英砂混合，在试管中干馏，收集馏出物并进行沸点和折射率的测定，然后根据表 1-20 鉴别不同的聚甲基丙烯酸酯。

表 1-20　甲基丙烯酸酯类单体的沸点和折射率

单　体	沸点/℃	n_D^{20}
甲基丙烯酸甲酯	100.3	1.414
甲基丙烯酸乙酯	117	1.413
甲基丙烯酸正丙酯	141	1.418
甲基丙烯酸正丁酯	163	1.424
甲基丙烯酸异丁酯	155	1.420

② 碱解试验。将试样和 0.5mol/L 氢氧化钾乙醇溶液一起煮沸，聚甲基丙烯酸酯不水解，聚丙烯酸酯能缓慢水解而溶解掉。

③ 苯肼试验。此法可以在有聚甲基丙烯酸酯存在时检出聚丙烯酸酯，灵敏度可达 1％丙

烯酸酯。

按照前述方法进行裂解蒸馏，用氯化钙干燥裂解产物，加入新蒸的苯肼和5mL干的甲苯，回流30min。然后加入85%甲酸溶液（体积量为试液的5倍）和1滴过氧化氢，振摇数分钟，必要时加热，如出现墨绿色表明是聚丙烯酸酯。

（2）聚甲基丙烯酸甲酯的特征显色试验

按照前述方法进行裂解蒸馏，将收集到的裂解馏出物与少量浓硝酸（$d=1.4g/cm^3$）一起加热，直至得到黄色的清亮溶液。冷却后，用蒸馏水（体积为溶液的一半）稀释，然后滴加5%～10%硝酸钠溶液，用氯仿萃取，出现海绿色溶液表明有甲基丙烯酸甲酯。可在稀释后的溶液中加入一些锌粉，溶液出现蔚蓝色也说明有甲基丙烯酸甲酯。

5．聚丙烯腈

（1）裂解试验进行定性鉴别

① 试剂配制。

A液：将2.86g醋酸铜溶于1L水中，制成A液。

B液：将14g联苯胺溶于100mL醋酸中，取67.5mL此液加52.5mL水，制成B液。

使用前将A液和B液等体积混合。

② 测定步骤。在坩埚中加热试样、少量锌粉和几滴25%硫酸的混合物。用浸湿了反应试剂的滤纸盖住坩埚，滤纸有蓝色斑点表明有丙烯腈存在。

（2）聚丙烯腈及相关共聚物中氰基的定量分析

将试样与浓无机酸（如20%盐酸溶液）一起回流，水解后产生聚丙烯酸沉淀。过滤后用水洗涤沉淀，然后用碱量法测定沉淀物中的羧基含量，从而可以计算出氰基的含量。

五、杂链高分子及其他高分子

（一）聚甲醛

1．定性鉴别

参见学习情境一任务2用铬变酸显色试验检出甲醛。

2．定量分析

（1）聚甲醛中游离甲醛含量的测定

准备一个干净的250mL锥形瓶，取可能含0.25～0.40mmol游离甲醛的试样放入锥形瓶中，加入50mL 0.25%双甲酮水溶液和70mL缓冲溶液（由102mL 0.2mol/L醋酸和98mL 0.2mol/L醋酸钠溶液混合制备），在室温下放置3h，不时摇晃。用4号熔砂漏斗过滤并用5mL蒸馏水洗涤10次，收集沉淀。将沉淀溶解在纯乙醇中（残留在沉淀中的聚甲醛不会溶于乙醇），以酚酞为指示剂用0.1mol/L氢氧化钠滴定该甲醛-双甲酮溶液。

$$游离甲醛(\%)=30\times\frac{Vc}{1000m}\times100 \qquad (1-11)$$

式中　V——滴定所需NaOH标准溶液的体积，mL；

　　　c——NaOH标准溶液的浓度，mol/L；

　　　m——试样质量，g。

（2）聚甲醛中总甲醛含量的测定

准备一个干净的250mL锥形瓶，取约含1.5mmol总甲醛的试样放入锥形瓶中，依次加入10mL水、50mL 0.05mol/L碘的碘化钾溶液、25mL 1mol/L氢氧化钠。将其混匀后置于暗处 10min，加入 55mL 1mol/L 盐酸，然后用 0.05mol/L 硫代硫酸钠滴定释出的碘。同时做一空白试验。

$$总醛含量（\%）＝游离甲醛\%＋聚甲醛\%＝30\times\frac{c(V_0-V)}{1000m}\times100 \qquad (1-12)$$

式中　V_0——滴定空白试样所消耗的硫代硫酸钠标准溶液的体积，mL；

　　　V——滴定试样所消耗的硫代硫酸钠标准溶液的体积，mL；

　　　c——硫代硫酸钠标准溶液的浓度，mol/L；

　　　m——试样质量，g。

（二）聚酯

聚酯包括脂肪族聚酯、聚对苯二甲酸乙二醇酯、聚对苯二甲酸丁二醇酯等饱和聚酯、邻苯二甲酸酐等与多元醇形成的醇酸树脂以及由马来酸酐、富马酸酐等与多元醇形成的不饱和聚酯。

1. 定性鉴别

（1）对苯二甲酸的鉴别

将邻硝基苯甲醛溶于 2mol/L 氢氧化钠制成饱和溶液，取一张滤纸浸润此溶液。将试样放入试管中热解，在试管口盖一片上述浸润过溶液的滤纸，若滤纸呈现蓝绿色，并对稀盐酸稳定，表明有对苯二甲酸。

（2）邻苯二甲酸的鉴别

方法 1：将试样在试管中热解，如果邻苯二甲酸是其组成之一，在试管壁上会附有邻苯二甲酸酐针状结晶。必要时将其用乙醇重结晶，熔点是 131℃。

方法 2：将少许试样、三倍量的百里酚（即 5-甲基-2-异丙基苯酚）以及约 5 滴浓硫酸一起在 120～130℃甘油浴上加热 10min。冷却后，将其反应混合物溶于 50%乙醇，用稀氢氧化钠调成碱性。如溶液呈深蓝色（百里酚酞）表明是邻苯二甲酸；如果呈现绿色表明是硝酸纤维素。

方法 3：将约 0.1g 试样和约 0.2g 结晶苯酚以及 1 滴浓硫酸一起加热。冷却后，将熔体溶于 10～20mL 水中，用 5%氢氧化钠调至碱性。如果溶液呈现红色（酚酞）表明是邻苯二甲酸。

（3）己二酸的鉴别

方法 1：将少许试样与等量间苯二酚和 2 滴浓硫酸一起在试管中加热，冷却后用碱液调至碱性，若呈现暗红紫色表明有己二酸。

方法 2：用邻硝基苯甲醛试验（操作同对苯二甲酸的鉴别），己二酸给出蓝黑或蓝紫色。

（4）丁二酸（即琥珀酸）的鉴别

将含树脂的溶液用氨中和，并蒸发至干。将残留固体用喷灯激剧加热，并将松木片伸向放出的烟气中。如果松木片变红，证明有丁二酸存在。

（5）癸二酸的鉴别

在没有丁二酸时，使用间苯二酚试验（操作同己二酸的鉴别方法），癸二酸给出橙色并伴有绿色荧光。

（6）马来酸（顺丁烯二酸）的鉴别

方法 1：在李柏曼-斯托希-莫洛夫斯基试验中，纯马来酸树脂先显葡萄酒红色，然后转为橄榄棕色。

方法2：马来酸酐与二甲基苯胺形成黄色配合物，试样中只需至少含有0.1%马来酸酐就可以检测到。

(7) 富马酸（反丁烯二酸）的鉴别

将少许试样用由4mL 10%硫酸铜、1mL吡啶和5mL水组成的混合液处理，生成绿蓝色（又称翡翠绿）的结晶，表明有富马酸。

2. 定量分析

二元羧酸、脂肪酸和多元醇的分离和分析

① 皂化。准备一个干净的250mL锥形瓶，称取0.2～0.5g试样放入锥形瓶中，用苯溶解，加入125mL 0.5mol/L氢氧化钾乙醇溶液。塞好瓶口，在52℃±2℃下加热18h。冷却后，用3号熔砂漏斗收集沉淀，用无水乙醇洗涤，然后在110℃下干燥。

② 二元羧酸钾盐的酸化。将上述钾盐沉淀溶解在75mL水中，用硝酸调pH值恰为2.0，如果必要，可稍作稀释直至溶液澄清。30min后，用双层粗滤纸，将此酸液过滤到100mL容量瓶中，用水洗漏斗，定容摇匀，分成以下几份：

第一份：取10.0mL放入300mL锥形瓶，用于邻苯二甲酸测定；

第二份：取25.0mL放入250mL烧杯中，用于马来酸/富马酸测定；

第三份：取10.0mL放入250mL烧杯中，用于癸二酸测定；

在60℃烘箱中烘干各份液体。

③ 邻苯二甲酸测定。在第一份中加入5mL冰醋酸，盖好瓶塞，在60℃下加热30min。加入100mL无水甲醇，盖好，在60℃下再加热30min。加入2mL 25%醋酸铅的冰醋酸溶液到温热的溶液中，盖好瓶塞，再加热1h，经常振摇。将其冷却后静置12h，过滤，用无水乙醇洗涤，在110℃下干燥1h，称重。

$$邻苯二甲酸酐(\%)=\frac{0.30254\times10\times m_1}{m}\times100\% \tag{1-13}$$

式中　m_1——最后沉淀质量，g；

　　　m——试样质量，g。

④ 对苯二甲酸/间苯二甲酸的测定。将①中的钾盐沉淀在150℃下烘干，然后溶解于50mL水中，过滤，调节pH值到3.5，静置1h。将过滤沉淀的对苯二甲酸/间苯二甲酸洗涤，干燥，再称重。

⑤ 己二酸/丁二酸的测定。此法不能有其他二元羧酸存在。将①中钾盐沉淀溶于水，用醋酸调pH值到5.5，必要时过滤，在容量瓶中稀释至100mL。取其中10mL稀释至95mL（对己二酸）或245mL（对丁二酸），加入5mL 20%硝酸银溶液，在暗处静置18h，不时摇动。将其过滤，沉淀用乙醇洗涤，在110℃下干燥，称重。沉淀量应当尽可能接近100mg。

$$己二酸(\%)=\frac{0.40598\times10\times m_1}{m}\times100\% \tag{1-14}$$

$$丁二酸(\%)=\frac{0.35579\times10\times m_1}{m}\times100\% \tag{1-15}$$

式中　m_1——最后沉淀质量，g；

　　　m——试样质量，g。

⑥ 癸二酸的测定。在第三份中准确加入70mL水，煮沸，加入30mL 2.5%水合醋酸锌

的水溶液（用醋酸调 pH 值到 6.0），煮沸 1min，冷却 1h 后过滤。将其用无水乙醇洗涤，在 110℃下干燥 1h，称重。如果癸二酸含量＞2%，在钾盐酸化过程中就会有沉淀，则 pH 值只能调到 3.0，可进一步稀释至溶液澄清。必要的话过滤，再继续上述步骤。

$$癸二酸(\%)=\frac{0.76134\times10\times m_1}{m}\times100\% \tag{1-16}$$

式中　m_1——最后沉淀质量，g；

　　　m——试样质量，g。

⑦ 马来酸/富马酸的测定。在第二份中加入 75mL 新煮沸的水，溶解后转移到 100mL 容量瓶中，准确加入 2.5mL 0.75%溴在 50%溴化钠水溶液中，用水加满至刻度，混匀。同时做一空白试验。在暗处静置 24h，然后在 425nm 的光波下，以空白为参比，测量吸光度，从校正曲线上读取浓度值。此方法能检测 1～6mg 马来酸/富马酸。

⑧ 脂肪酸的测定。将①中皂化得到的滤液在水浴中蒸发掉有机溶剂，补充蒸馏水至 250mL，转移到蒸发皿上，用 20%硫酸酸化直到刚果红试纸变蓝，用乙醚萃取脂肪酸数次。用水洗其乙醚萃取液，蒸发掉乙醚（用二氧化碳保护），在 110℃下将其干燥 10min，然后在干燥器内浓硫酸上干燥至恒重，称量。

$$脂肪酸(\%)=\frac{m_1}{m}\times100\% \tag{1-17}$$

式中　m_1——最后产物质量，g；

　　　m——试样质量，g。

⑨ 多元醇的测定。氧化法可适用于甘油、乙二醇、丙二醇的测定。

将⑧中用乙醚萃取过的酸性水溶液调 pH 值到 7，浓缩成 75mL。冷却后过滤到 100mL 容量瓶中，加蒸馏水至刻度。在高碘酸盐存在下，含连位羟基的多元醇将按下式被氧化，用碘量法测定生成的甲醛而得到多元醇的含量。

$$CH_2OHCHOHCH_2OH(甘油)+2NaIO_4\longrightarrow 2HCHO+HCOOH+2NaIO_3+H_2O$$

$$CH_2OHCH_2OH(乙二醇)+NaIO_4\longrightarrow 2HCHO+NaIO_3+H_2O$$

$$CH_3CHOHCH_2OH(丙二醇)+NaIO_4\longrightarrow HCHO+CH_3CHO+NaIO_3+H_2O$$

（三）聚碳酸酯

1. 碳酸酯的鉴别

将聚碳酸酯与 10%氢氧化钾无水乙醇溶液加热皂化，产生碳酸钾结晶，过滤出结晶，酸化使之释出 CO_2，将释出的 CO_2 通入石灰水或氢氧化钡溶液，会产生白色沉淀，可根据此点进行鉴别。

2. 靛酚试验

详见学习情境一任务 2，聚碳酸酯呈正反应。

3. 对二甲氨基苯甲醛显色试验

详见学习情境一任务 2。在对二甲氨基苯甲醛显色试验中，在第一步盐酸存在时出现鲜艳的红色，而在第二步的对二甲氨基苯甲醛的甲醇溶液中显蓝色。

4. 聚碳酸酯中双酚 A 的鉴别

用氢氧化钾的无水乙醇溶液皂化试样，结晶出双酚 A 和碳酸钾。用乙醇重结晶双酚 A，测定熔点（双酚 A 的熔点为 153～156℃）。

（四）聚酰胺（尼龙）

1. 根据熔点区别不同品种的尼龙

参考表 1-21 进行鉴别。

表 1-21 各种尼龙的熔点

尼龙品种	熔点/℃	尼龙品种	熔点/℃
尼龙 5	259	尼龙 11	184～186
尼龙 6	215～220	尼龙 66(60%)和尼龙 6(40%)的共混物	180～185
尼龙 66	250～260	尼龙 66 和尼龙 6(33%)和聚己二酸对二氨基环己烷(67%)的共混物	175～185
尼龙 610	210～215		
尼龙 1010	195～210	尼龙 12	175～180

2. 根据溶解性区别不同品种的尼龙

（1）盐酸或甲酸溶解试验

根据尼龙在盐酸中的溶解性，参照表 1-22 可以区别。

表 1-22 尼龙在盐酸中的溶解性

尼龙品种	14%盐酸	30%盐酸
尼龙 6	溶	溶
尼龙 11	不溶	不溶
尼龙 66	不溶	溶

将约 0.1g 试样溶于 1mL 浓甲酸（溶解时间约 2h），根据表 1-23 区别几种主要的尼龙。

表 1-23 尼龙在甲酸中的溶解性

尼龙品种	溶解性
尼龙 6、尼龙 66	溶
尼龙 610、尼龙 11	不溶

（2）多元醇溶解试验

将约 100mg 试样溶于正好低于沸点的热多元醇中，冷却，待高分子沉淀下来，然后缓慢地在油浴上加热，根据沉淀重新溶解且溶液变清的温度，参照表 1-24 进行鉴别。

表 1-24 尼龙在多元醇中的溶解性

尼龙品种	沉淀溶解时溶液的温度/℃		
	乙二醇	丙二醇	丙三醇
尼龙 6	135	129	168
尼龙 66	153	153	195
尼龙 610	156.5	139.5	不溶
尼龙 11	不溶	145	不溶

3. 显色试验

（1）邻硝基苯甲醛试验鉴定己二酸

准备一个干净试管，将 0.2g 试样放在试管中干馏，以 2mL 邻硝基苯甲醛溶于 2mol/L 氢氧化钾的饱和溶液吸收裂解气。将吸收溶液加热至沸腾，若溶液显红棕色，证明有己二酸存在，因为裂解生成的环戊酮会使溶液显红棕色。

（2）碘代铋酸钾试验鉴定己内酰胺

将 0.5g 试样与 50mL 蒸馏水一起加热煮沸 10～15min。冷却后，取 0.5mL 此溶液加入 2～3 滴浓硫酸，再加入 2mL 碘代铋酸钾溶液（将 5g 碱性硝酸铋和 25g 碘化钾溶于 10mL 2% 的硫酸中）。如有己内酰胺，会有橙红色配合物 $[(C_6H_{11}ON)_3 \cdot 2BiI_3 \cdot 6HI \cdot 2H_2O]$ 沉淀产生。

（3）区分尼龙 6 和尼龙 66 的试验

先制备混合液：由质量分数为 10 份的苯酚、20 份甘油、10 份乳酸和 22 份用蓝染料饱和的蒸馏水组成。

取 0.1g 粉状试样，用混合液处理 30s 后，用蒸馏水洗涤试样。尼龙 6 将被染上颜色，而尼龙 66 不变色。

（五）纤维素衍生物

1. 醋酸（或丙酸）纤维素的硝酸镧试验

将试样在 50% 硫酸中水解，取 1 滴馏出液，加入 1 滴 0.1% 碘的乙醇溶液和 1 滴 5% 硝酸镧溶液，再加入几滴 1mol/L 氨溶液。如出现蓝棕色，证明有醋酸或丙酸存在。

2. 硝酸纤维素的鉴别

（1）二苯胺试验

将试样与 0.5mol/L 氢氧化钾溶液一起煮沸，冷却后，用稀硫酸酸化并过滤。在滤液中加入二苯胺溶液（将 10mL 浓硫酸、3mL 水、10mg 二苯胺混合均匀即成），如果是硝酸纤维素，在两层液体交界处会有蓝色环。

（2）斑点试验

在试管中将少许试样与约 0.3g 安息香一起在甘油浴上加热至 140℃（必要时加热至 160℃）。试管口盖上一片浸有反应试剂（使用前等体积混合 1% 对氨基苯磺酸和 0.3% α-萘胺在 30% 醋酸中的溶液）的滤纸。滤纸上呈现红色斑点表明存在硝基。

（3）间苯二酚试验

试样用热水处理，然后溶解于浓硫酸中，加少量间苯二酚，硝酸纤维素产生紫蓝色。

（4）硫代硫酸钠试验

将试样与硫代硫酸钠在研钵里研磨，然后把混合物放在瓷坩埚中，用砂浴加热至试样开始燃烧。燃烧完毕，冷却后，加蒸馏水煮沸，用醋酸酸化至 pH＝2～3，再煮沸片刻后除去已分离出的硫。加入氯化铁到滤液中，得到深红色表明有硝酸纤维素。

3. 乙基纤维素的鉴别

利用乙基纤维素在热解时可形成乙醛，气相乙醛会发生显色反应这一特点进行鉴别。

取少量试样与 1 滴重铬酸钾溶液（1g 重铬酸钾与 60mL 水、7.5mL 浓硫酸混合）在 100℃ 下加热。试管口盖上一片用等体积 20% 吗啉水溶液和 5% 硝普酸钠水溶液混合物浸湿的滤纸，滤纸呈蓝色表明是乙基纤维素。

任务实施

常见高分子材料的定性、定量分析。

根据学院分子材料分析实训室情况，将学生分组，分别进行聚烯烃、苯乙烯类高分子、含卤素类高分子、聚乙烯醇、聚醋酸乙烯酯、聚乙烯醇缩醛、聚（甲基）丙烯酸酯、聚酯、聚碳酸酯、聚酰胺（尼龙）等的定性或定量分析。

　　每组派一名同学为代表陈述鉴别结果及判断依据，其他小组同学和老师共同评议鉴别结果。

 综合评价

序号	考核项目	评分标准						
		权重/%	优秀 90～100	良好 80～89	中等 70～79	及格 60～69	不及格 <60	合计
1	学习态度	10						
2	鉴别操作	40						
3	鉴别结果	20						
4	知识理解及应用能力	10						
5	语言表达能力	5						
6	与人合作	5						
7	环保、安全意识	10						

高分子材料的仪器分析

任务1 高分子材料的凝胶渗透色谱分析

 **任务介绍**

进行高分子材料的凝胶渗透色谱分析，测定高分子材料的相对分子质量及其分布。

【知识目标】

① 了解凝胶渗透色谱分析原理、凝胶渗透色谱仪组成；

② 掌握凝胶渗透色谱分析试样处理方法；

③ 掌握凝胶渗透色谱分析方法。

【能力目标】

能使用凝胶渗透色谱仪进行高分子材料的相对分子质量及其分布的测定。

【素质目标】

① 培养学生遵规守纪、按章操作的工作作风；

② 锻炼学生组织协调能力，培养其团队合作意识；

③ 培养学生具有环保意识、安全意识、节能降耗意识。

任务分析

高聚物的相对分子质量及相对分子质量分布对材料的物理力学性能和可加工性等有着很大影响，是高分子材料最重要的参数之一。进行相对分子质量测定的方法较多，本次任务是使用凝胶渗透色谱分析方法，测定高分子材料的分子量及其分布。

相关知识

测定高分子材料的分子量及其分布的最常用、快速和有效的方法是凝胶色谱。

凝胶色谱技术是1964年由J. C. Moore首先研究成功，并迅速发展起来的一种快速而又简单的分离分析技术，由于设备简单、操作方便，不需要有机溶剂，对高分子物质有很高的分离效果。

一、凝胶色谱技术的分类

根据分离的对象是水溶性的化合物还是有机溶剂可溶物，凝胶色谱又可分为凝胶过滤色谱（GFC）和凝胶渗透色谱（GPC）。

凝胶过滤色谱一般用于分离水溶性的大分子，如多糖类化合物。凝胶的代表是葡萄糖系列，洗脱溶剂主要是水。

凝胶渗透色谱法主要用于有机溶剂中可溶的高聚物（聚苯乙烯、聚氯乙烯、聚乙烯、聚甲基丙烯酸甲酯等）相对分子质量分布分析及分离，常用的凝胶为交联聚苯乙烯凝胶，洗脱溶剂为四氢呋喃等有机溶剂。

二、凝胶渗透色谱原理

在色谱柱中填入用溶剂充分膨胀的交联高聚物或刚性多孔填料（称为凝胶），高聚物溶液从上部加入，然后用溶剂连续洗提。尺寸较小的高聚物粒子（即相对分子质量较小的）渗透入凝胶或多孔填料的孔隙中去的概率较大，停留时间较长；较大的粒子由于只能进入足够大的孔隙中，被溶剂冲洗出来的速度较快，停留时间较短。因此，可按粒子大小把高聚物分开，不同级分由定量收集器收集。高分子材料 GPC 谱图的分区见图 2-1。自试样进入色谱柱到被淋洗出来，所接受到的淋出液总体积称为该试样的淋出体积。当仪器和实验条件确定后，溶质的淋出体积与其分子量有关，分子量愈大，其淋出体积愈小。由于小分子与高分子的流体力学体积相差甚远，因而用 GPC 可同时分析而不必预先分离。

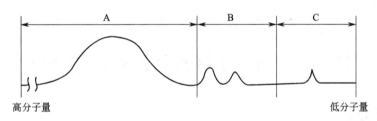

图 2-1　高分子材料 GPC 谱图的分区

A—高分子；B—添加剂和低聚物；C—未反应的单体和低分子量污染物（如水）等

三、样品溶液的处理

样品溶液如有沉淀应过滤或离心除去，如含脂类可高速离心或通过 Sephadex G-15 短柱除去。样品的黏度不可太大，含蛋白超过 4%、黏度高影响分离效果。上柱样品液的体积根据凝胶床体积的分离要求确定。分离蛋白质样品的体积为凝胶床的 1%～4%（一般为 0.5～2mL），进行分组分离时样品液可为凝胶床的 10%，在蛋白质溶液除盐时，样品可达凝胶床的 20%～30%。分级分离样品体积要小，使样品层尽可能窄，洗脱出的峰形较好。

四、实验及基本操作

直接法：在测定淋出液浓度的同时测定其黏度或光散射，从而求出其分子量。

间接法：用一组分子量不等的、单分散的试样为标准样品，分别测定它们的淋出体积和分子量，则可确定两者之间的关系。

五、GPC 仪的组成

包括泵系统、（自动）进样系统、凝胶色谱柱、检测系统和数据采集与处理系统。

🔧 任务实施

进行 PE 的凝胶渗透色谱分析，测定其相对分子质量及其分布。

将学生分组，通过教师讲解，学生自学、讨论等方法学习掌握 GPC 仪器使用方法。小组讨论完成实验预习报告，每组派一名同学为代表就实验操作等问题进行答辩，然后进行操作，针对答辩和操作情况进行考核。

👉 综合评价

序号	考核项目	权重/%	评分标准					合计
			优秀 90～100	良好 80～89	中等 70～79	及格 60～69	不及格 <60	
1	学习态度	10						
2	鉴别操作	40						
3	鉴别结果	20						
4	知识理解及应用能力	10						
5	语言表达能力	5						
6	与人合作	5						
7	环保、安全意识	10						

任务 2　高分子材料的红外光谱分析

👉 任务介绍

进行聚苯乙烯等高分子材料的红外光谱分析，分析其特征谱图。

【知识目标】

① 了解红外光谱分析原理；

② 掌握红外光谱分析试样制备方法；

③ 掌握红外光谱分析方法；

④ 掌握各种特征基团红外谱图特点。

【能力目标】

能制备红外光谱分析试样，能进行聚苯乙烯等高分子材料的红外光谱分析，能根据红外光谱图进行定性或定量分析。

【素质目标】

① 培养学生遵规守纪、按章操作的工作作风；

② 锻炼学生组织协调能力，培养其团队合作意识；

③ 培养学生具有环保意识、安全意识、节能降耗意识。

👉 任务分析

红外光谱法（简称 IR）又称"红外分光光度分析法"，是利用物质对红外光区的电磁辐射的选择性吸收来进行定性和定量分析的一种方法。被测物质的原子、原子团在红外线照射下，只吸收与其分子振动、转动频率相一致的红外光谱。对红外光谱进行剖析，可对物质进行定性和定量分析。红外光谱图中有许多峰，峰的位置、峰的强度和峰的宽度三者结合就可以得出分析的结果。

相关知识

　　红外光谱法的主要优点是特征性强、操作简便、测定速度快、试样用量少、不破坏试样且能分析各种状态的试样。局限性是灵敏度较低，谱图解释主要靠经验，痕量分析有困难，定量误差较大，不宜分析含水样品。

　　红外光谱的波谱段分为近、中、远红外三部分，$4000 \sim 15000 cm^{-1}$为近红外区，主要用于天然有机物的定量分析；$400 \sim 4000 cm^{-1}$是中红外区，主要用于有机结构分析；$10 \sim 400 cm^{-1}$为远红外区，主要用于元素有机物的分析。

　　红外光谱图中有许多峰，峰的位置、峰的强度和峰的形状三者结合就可以得出分析的结果。

　　1. 峰的位置

　　峰的位置是红外定性分析和结构分析的依据，它指出了官能团的特征吸收频率。但要注意，官能团的特征吸收频率会随分子中基团所处的不同状态及分子间的相互作用而发生相应的变动。

　　2. 峰的强度

　　吸收峰的强度常用来作为红外定量计算的依据，一般物质含量越高则特征吸收峰的强度就越大。其次，吸收峰的强度也可以指示官能团的极性强弱，一般极性较强的官能团在振动时偶极矩的变化较大，因此都有很强的吸收；另一方面，官能团的偶极矩与结构的对称性有关，对称性越强，振动时偶极矩变化越小，吸收峰越弱。一般对不同强度的吸收用以下符号进行表示：s—强吸收带；b—宽吸收带；m—中等强度吸收带；w—弱吸收带；sh—尖锐吸收峰；v—吸收强度可变。

　　3. 峰的形状

　　峰的形状可以在指证官能团时起到一定作用，例如不同官能团有可能在同一特征吸收频率处出现吸收峰，可以根据吸收峰的宽度来进行区别。

　　中红外光谱区可分成$4000 \sim 1300 cm^{-1}$和$1300 \sim 600 cm^{-1}$两个区域。$4000 \sim 1300 cm^{-1}$这一区域称为基团频率区、官能团区或特征区。区内的峰是由伸缩振动产生的吸收带，比较稀疏，容易辨认，常用于鉴定官能团。$1300 \sim 600 cm^{-1}$区域内，除单键的伸缩振动外，还有因变形振动产生的谱带。这种振动基团频率和特征吸收峰与整个分子的结构有关。当分子结构稍有不同时，该区的吸收就有细微的差异，并显示出分子特征。这种情况就像人的指纹一样，因此称为指纹区。指纹区对于指认结构类似的化合物很有帮助，而且可以作为化合物存在某种基团的旁证。

　　一、基团频率区

　　1. X-H 伸缩振动区（$4000 \sim 2500 cm^{-1}$）

　　X 为 C、N、O、S 等原子。如 O—H（$3600 \sim 3200 cm^{-1}$），COO—H（$3600 \sim 2500 cm^{-1}$），N—H（$3500 \sim 3300 cm^{-1}$）等。$3000 cm^{-1}$为 C—H 键伸缩振动的分界线，不饱和碳（双键及环）的碳氢伸缩振动频率高于$3000 cm^{-1}$，而饱和碳（除三元环外）的碳氢伸缩振动频率低于$3000 cm^{-1}$。后者一般可见到四个吸收峰，其中 2960（ν_{as}）和 2370（ν_s）属于—CH_3；2925（ν_{as}）和 2850（ν_s）属于—CH_2。由这两组峰的强度可大致判断—CH_2和—CH_3的比例。

　　2. 叁键和累积双键区（$2500 \sim 2000 cm^{-1}$）

该区域红外吸收谱带较少，主要包括 —C≡C—、—C≡N 等叁键的伸缩振动以及 —C=C=C、—C=C=O 等累积双键的不对称伸缩振动。

3. 双键伸缩振动区（2000～1500cm⁻¹）

该区域是提供分子的官能团特征吸收峰的很重要的区域。大部分 C=O 峰在 1600～1900cm⁻¹ 之间，如酮、醛、酐等都是图中最强峰或次强的尖峰。C=C、N=O、C=N 等的峰出现在 1500～1670cm⁻¹，其中芳环和芳杂环的特征吸收峰在 1500cm⁻¹ 和 1600cm⁻¹ 附近。而 1500～1300cm⁻¹ 则主要提供 C—H 的弯曲振动信息。

二、指纹区

① 1300～900cm⁻¹ 区域是 C—O、C—N、C—F、C—P、C—S、P—O、Si—O 等单键的伸缩振动和 C=S、S=O、P=O 等双键的伸缩振动吸收。C—O 的伸缩振动在 1300～1000cm⁻¹，是该区域最强的峰，也较易识别。

② 900～650cm⁻¹ 区域的某些吸收峰可用来确认化合物的顺反构型。

基团振动区见表2-1。

表 2-1 基团振动区

区 域	基 团	吸收频率/cm⁻¹	振动形式	吸收强度	说 明
X—H 伸缩振动区（4000～2500cm⁻¹）	—OH(游离)	3650～3580	伸缩	m,sh	判断有无醇类、酚类和有机酸的重要依据
	—OH(缔合)	3400～3200	伸缩	s,b	
	—NH₂，—NH(游离)	3500～3300	伸缩	m	
	—NH₂，—NH(缔合)	3400～3100	伸缩	s,b	
	—SH	2600～2500	伸缩		
	C—H 伸缩振动				不饱和 C—H 伸缩振动出现 3000cm⁻¹ 以上
	不饱和 C—H	3000 以上			末端 =CH₂ 出现在 3085cm⁻¹ 附近，强度上比饱和 C—H 稍弱，但谱带较尖锐
	≡C—H(叁键)	3300 附近	伸缩	s	
	=C—H(双键)	3010～3040	伸缩	s	
	苯环中 C—H	3030 附近	伸缩	s	
	饱和 C—H	3000 以下			饱和 C—H 伸缩振动出现在 3000cm⁻¹ 以下(3000～2800cm⁻¹)，取代基影响较小
	—CH₃	2960±5	反对称伸缩	s	
	—CH₃	2870±10	对称伸缩	s	
	—CH₂	2930±5	反对称伸缩	s	三元环中的 CH₂ 出现在 3050cm⁻¹，—C—H 出现在 2890cm⁻¹，很弱
	—CH₂	2850±10	对称伸缩	s	
叁键和累积双键区（2500～2000cm⁻¹）	—C≡N	2260～2220	伸缩	s 针状	干扰少
	—N=N	2310～2135	伸缩	m	R—C≡C—H，2100～2140cm⁻¹
	—C≡C—	2260～2100	伸缩	v	R—C≡C—R′，2190～2260cm⁻¹
	—C=C=C—	1950 附近	伸缩	v	若 R′—R，对称，分子无红外谱带
双键伸缩振动区（2000～1500cm⁻¹）	C=C	1680～1620	伸缩	m,w	苯环的骨架振动
	芳环中 C=C	1600,1580	伸缩	v	
		1500,1450			
	—C=O	1850～1600	伸缩	s	其他吸收带干扰少，是判断羰基(酮类、酸类、酯类、酸酐等)的特征频率，位置变动大
	NO₂	1600～1500	反对称伸缩	s	
	NO₂	1300～1250	对称伸缩	s	
	S=O	1220～1040	伸缩	s	

续表

区　域	基　团	吸收频率 /cm^{-1}	振动形式	吸收强度	说　明
指纹区(1300～400cm^{-1})	C—O	1300～1000	伸缩	s	C—O键(酯、醚、醇类)的极性很强,故强度强,常成为谱图中最强的吸收
	C—O—C	900～1150	伸缩	s	醚类中C—O—C的$\nu_{as}=1100cm^{-1}\pm50cm^{-1}$是最强的吸收。C—O—C对称伸缩在900～1000cm^{-1},较弱
	—CH$_3$,—CH$_2$	1460±10	—CH$_3$反对称变形,CH$_2$变形	m	大部分有机化合物都含有CH$_3$、CH$_2$基,因此此峰经常出现
	—CH$_3$				
	—NH$_2$	1370～1380	对称变形	s	
	C—F	1650～1560	变形	m,s	
	C—Cl	1400～1000	伸缩	s	
	C—Br	800～600	伸缩	s	
	C—I	600～500	伸缩	s	
	=CH$_2$	500～200	伸缩	s	
	―(CH$_2$)$_n$―,$n>4$	910～890	面外摇摆	s	
		720	面内摇摆	v	

注:s—强吸收,b—宽吸收带,m—中等强度吸收,w—弱吸收,sh—尖锐吸收峰,v—吸收强度可变。

三、红外分析对样品的要求

① 试样纯度应大于98%,或者符合商业规格,这样才便于与纯化合物的标准光谱或商业光谱进行对照。多组分试样应预先进行分离提纯(可以采用分馏、萃取、重结晶或色谱法),否则各组分光谱互相重叠,难以解析。

② 试样应当经过干燥处理,不应含结晶水或游离水。这是因为水有红外吸收,与羟基峰干扰,而且会侵蚀吸收池的盐窗。

③ 试样浓度和厚度要适当,使最强吸收透光度在5%～20%之间。

四、高聚物红外分析样品制备技术

试样厚度对红外光谱图的质量有很大影响。样品太薄,吸收峰很弱,有些峰会被基线噪声所掩盖;样品太厚,吸收峰会变宽甚至产生截顶。一般理想的谱图应有2～3个强峰接近100%的吸收,大多数样品厚度应在10～30μm。比如,含氧基团的吸收很强,因而含氧高分子的厚度不应超过30μm,而饱和聚烯烃则可以稍厚一些,控制在300μm以下。

样品表面反射的影响也需要考虑。一般表面反射的能量损失在强谱带附近可达15%以上,可以在参比光路中放一个组分相同但厚度薄得多的样品。另外,反射还会有产生干涉条纹的影响,消除的方法是使样品表面变粗糙,可用楔形薄膜或在样品表面涂上一层折射率相近的不吸收红外光的物质。

1. 薄膜法

(1) 直接采用法

如果试样本身就是透明的薄膜,若其厚度合适就可以直接使用,若较厚,则可以通过轻轻拉伸使其变薄后使用。

(2) 热压成膜法

热塑性高聚物可以通过加热压成适当厚度的薄膜。

(3) 溶液铸膜法

将高聚物样品溶解在适当的溶剂中，将溶液均匀涂在平滑的玻璃板表面，待溶剂完全挥发后，将薄膜揭下即可。溶剂常用四氢呋喃。

2. 压片法

这是适用于固体粉末样品的制样方法。取少许样品粉末和为其质量 100～200 倍的光谱纯的 KBr 粉末，一起在玛瑙研钵中于红外灯下研匀成细粉，如果样品不是粉末，应先在低温下研磨成粉末状，一般橡胶不可以用热压法制样，就可以采用这种方法制样。将研磨好的粉末放入压片模中，用油压机制成透明的薄片。

五、红外光谱图的解析分析

（一）定性分析

对一张未知高聚物的红外光谱图进行定性鉴别的主要方法可归纳为五种。

1. 将整个谱图与标准谱图做对照

这一方法是将测得的未知物红外光谱与已知红外光谱图相对照，可以直接确定分子。理论上峰的位置和强度都必须吻合，但实际上主要看峰的位置，而峰的强度由于与试样的厚度、仪器的情况等有关，所以常难以一致。

一般用来作标准的红外谱图常用的有：Sadtler（萨特勒）谱图集和 Hummel（赫梅尔）红外光谱图集。前者收集了 2000 多张聚合物的谱图，后者则收集了 1100 多张聚合物和助剂的红外光谱图，对查找确切的聚合物结构是有帮助的。

在采用标准谱图对照定性时，要注意高聚物结构的复杂性，它使得谱图与标准谱图之间终归会有差异，所以由红外光谱图作出结构判断时，应特别注意以下几点。

① 有些高聚物虽然单体、原料、性能等不同，但分子中含有相同的结构单元，其红外光谱图相似，因此可能导致结构类型判断的失误。

② 由两种或多种单体聚合得到的共聚物，与各单体均聚物的共混物相比，其红外光谱图可能没有明显的差异，仅由红外光谱图难以准确推断材料是共聚物还是共混物。利用这个特性，可将几种单体的均聚物，按不同的比例混炼或研磨成均一体系，将它的红外光谱图与未知样品的图相比较，可以方便地推测出未知样品中共聚单体的种类及比例。

③ 当共聚物中某种单体组分的含量小于 5% 时，在高聚物红外光谱中的结构特征表现不明显，结构推断时可能遗漏掉这些含量较少的单体组分。

④ 热固性的交联体型树脂，由于交联剂的结构在反应过程中已发生变化，因此在材料的红外谱图中，往往找不到交联剂的特征结构信息。

⑤ 当样品的纯度不够好时，会出现不相关的异常峰，特别是有无机填料存在时，可能会使红外光谱图出现宽而强的吸收峰。

⑥ 由不同分辨率的仪器所给出的谱图质量可能相差很大，吸收峰的位置可能相差到 10cm^{-1}，某些峰的形状也会有一些变化；有时两个相同组成的高聚物，由于聚合加工时的规整度、结晶度不同，或提纯过程中纯度的差异，皆可能引起红外光谱图的细小差别，在作结构推断时应仔细分析这些差异的原因和结合其他分析数据才能给出可靠的分析结论。

⑦ 如果在聚合物的红外谱图集中找不到相同或相近的红外图，这种聚合物可能为一种新型的高聚物材料，仅从它的红外谱图很难推测出它的确切结构，必须再采用其他的结构分

析方法作进一步的结构分析。

2. 按高聚物元素组成的分组分析

若从化学分析中已初步知道试样所含元素，就可以根据这一条件将高聚物分成以下五组，进行分析。

（1）无可鉴别元素的高聚物

指的是只含 C、H 或者含 C、H、O 的高分子。除了简单的过氧基团外，一般含氧基团都能产生中等以上强度的吸收峰，所以在 O—H 或 C＝O 区域内有一个或更多个中等以上强度的吸收峰存在，可以说明未知物含氧。也可从 C—O 峰（$900 \sim 1350 cm^{-1}$ 强峰）判断。

饱和烃在 $2940 cm^{-1}$ 左右和 $1430 \sim 1470 cm^{-1}$ 出峰（经常是多峰），甲基在 $1370 cm^{-1}$ 左右有吸收。环烷烃在 $770 \sim 1430 cm^{-1}$ 有几个中强的锐锋。大多数不饱和烃在 $670 \sim 1000 cm^{-1}$ 有特征峰。芳烃在 $670 \sim 900 cm^{-1}$ 有一些相对较强的峰，可表征苯环及各种取代苯环。多数芳烃在 $1430 \sim 1670 cm^{-1}$ 有若干弱的锐锋，是苯环骨架振动吸收。

羰基在 $1550 \sim 1825 cm^{-1}$ 有 C＝O 的伸缩振动峰，醛和酮在 $910 \sim 1330 cm^{-1}$ 有强吸收峰，但易与酯的 C＝O 峰混淆，大多数醛在 2720 有 C—H 的吸收峰。酸的羰基在 $3330 cm^{-1}$ 的峰难以观察，C—H 在 2900 的峰加宽、C＝O 峰向低波数位移。

羟基吸收峰在 $3130 \sim 3700 cm^{-1}$ 区域，多数羟基化合物的分子间会形成氢键，在 $3130 \sim 3570 cm^{-1}$ 出现强的宽峰。

醚类高分子在 $910 \sim 1330 cm^{-1}$ 出现最强吸收峰，但是在确定醚之前必须证实是否有羰基和羟基的存在。

（2）含氮的高聚物

许多含氮基团都有特征峰，但要注意—N＝N—结构和叔氮原子没有特征吸收，使偶氮化合物和叔胺的谱图分析产生困难。

一级酰胺只在 $1640 cm^{-1}$ 附近一个峰，通常形状复杂但非常强，二级酰胺在 $1560 \sim 1640 cm^{-1}$ 有两个强度相等的峰。

聚酰亚胺在 $1720 cm^{-1}$ 和 $1780 cm^{-1}$ 有双峰，$1780 cm^{-1}$ 是弱的锐峰，而 $1720 cm^{-1}$ 则较宽和较强。

聚氨酯存在二级酰胺的一对峰，位置在 $1540 cm^{-1}$ 和 $1690 cm^{-1}$。

（3）含氯高聚物

C—Cl 基团产生中强、较宽的峰，但位置变化太大而用处不大。聚偏二氯乙烯的 CCl_2 基团在 $1060 cm^{-1}$ 的强峰很有用，在结晶聚合物中分裂成锐利的双峰，是很有意义的特征峰。

（4）含硫、磷或硅的高聚物

S—S、S—C 没有特征峰，S—H 峰也很弱，但 S＝O 峰很强，在 $1110 \sim 1250 cm^{-1}$ 间的强峰就证明硫的存在，如果在化学实验中发现有氮，则在 $1320 cm^{-1}$ 处应有吸收峰，表明是磺酰胺；P—H 在 $2380 cm^{-1}$ 附近有中强吸收峰，P—O—C 在 $970 cm^{-1}$ 有吸收，在 $1030 cm^{-1}$ 有一个更强且宽的峰；Si—H 峰在 $2170 cm^{-1}$ 处非常突出，Si—O 在 $1000 \sim 1110 cm^{-1}$ 间有强的复杂的宽峰，Si 甲基和 Si 苯基分别在 $1250 cm^{-1}$ 和 $1430 cm^{-1}$ 出现尖锐的峰，Si—OH 峰类似于醇的 OH 峰。

（5）含金属的高聚物

主要是羧酸盐，在 $1540\sim1590cm^{-1}$ 有非常强的吸收，该峰非常尖锐，有时有双重峰。

3. 按最强谱带的分组分析

按高聚物红外光谱中的第一吸收，可将谱图从 $1800\sim600cm^{-1}$ 分为六组，含有相同极性基团的同一类高聚物的吸收峰大都在同一个区内：

1 区：$1700\sim1800cm^{-1}$，聚酯、聚羧酸、聚酰亚胺等；

2 区：$1500\sim1700cm^{-1}$，聚酰胺、脲醛树脂、蜜胺树脂等；

3 区：$1300\sim1500cm^{-1}$，聚烯烃，有氯、氰基等取代的聚烯烃，某些聚二烯烃（天然橡胶）等；

4 区：$1200\sim1300cm^{-1}$，聚芳醚、聚砜、一些含氯聚合物等；

5 区：$1000\sim1200cm^{-1}$，脂肪族聚醚、含羟基聚合物、含硅和氟的高聚物；

6 区：$600\sim1000cm^{-1}$，苯乙烯类高聚物、聚丁二烯等含不饱和双键高聚物，一些含氯聚合物。

4. 按流程图对高聚物材料的定性鉴别

高分子材料红外分析流程见图 2-2，弹性体红外分析流程见图 2-3。

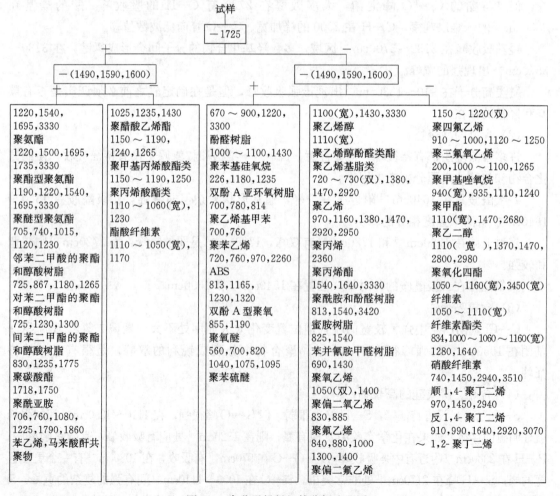

图 2-2　高分子材料红外分析流程图

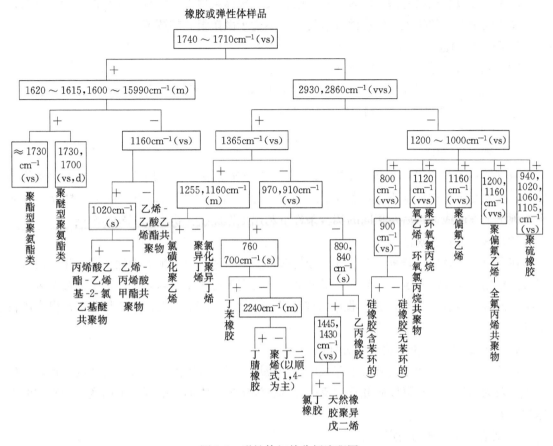

图 2-3 弹性体红外分析流程图

5. 根据特征谱图，结合分子式，分析结构式

先由式 $U=\dfrac{2+2n_4+n_3-n_1}{2}$ 计算得不饱和度，其中 n_4 为分子中四价原子（一般为 C）数目，n_3 为分子中三价原子（一般为 N）数目，n_1 为分子中一价原子（一般为 H）数目，从红外谱图分析含有哪些特征基团，可得出未知化合物的结构式。

（二）定量分析

红外光谱法定量分析是基于 Lamber-Beer（朗伯-比尔）定律，通过对特征吸收谱带强度的测量，来求组分含量。

$$A=\lg\frac{I_0}{I}=Klc$$

式中 A——吸光度或光密度；

I_0，I——入射光和透射光强度；

K——吸光系数或消光系数；

l——试样厚度；

c——物质浓度。

由于样品厚度是可准确测量的，因而只需用一个已知浓度的标准样品测定吸光度 A 就可求出比例常数吸光系数 K。

由于红外吸收光谱的谱带较多，特征吸收波长选择余地大，样品不受状态限制，这都是红外光谱定量分析的优点。但该法灵敏度低，不适于微量组分的测定。

1. 吸收峰的选择

① 选择被测物质的特征吸收峰；

② 所选的吸收带应有较大的吸收强度（透射率 25%～50%），且不受其他组分干扰；

③ 所选吸收峰强度与被测物浓度有线性关系。

2. 定量方法

（1）校正曲线法

由于红外狭缝较宽，单色性较差，Lamber-Beer 定律有时会有偏差。当浓度变化范围较大时，吸光度可能与浓度不成线性关系，此时应当测定一系列已知浓度的标准样品的吸光度，画出工作曲线，然后在相同的实验条件下利用工作曲线分析未知试样的浓度。

（2）联立方程求解法

在多组分体系中，若每一个组分的分析谱带受到其他组分谱带的干扰，应采用该法进行定量。根据吸光度加和定律，当某一组分对一分析谱带有主要贡献，而在这个波数位置上其他组分的吸收也有贡献时，总吸收应等于各组分吸收的加和，据此可列出联立方程式进行求解。

（三）红外光谱在高聚物研究方面的应用

红外光谱在高聚物结构分析中有很广泛的应用，不仅可以鉴定未知聚合物的结构，定量分析共聚物的组成，还可以研究聚合反应过程，测定聚合物的结晶度、取向度，判别它的立体构型等。

1. 聚乙烯支化度的测定

只要测定聚乙烯端甲基的浓度就可以计算支化度。可以测定 CH_3 和 CH_2 两种谱带的吸收比，再根据两种基团中氢的比例就可以推算出支化度。如果要进一步知道支链长度，比如高压聚乙烯中短支链的情况，可通过测定甲基、乙基和丁基的弯曲振动谱带（分别为 $1378cm^{-1}$，$770cm^{-1}$ 和 $725cm^{-1}$）得知。

2. 共聚物或共混物的组成测定

对每一组成必须选择一条比较尖锐的特征谱带。例如乙丙共聚物中，可选择聚乙烯的 $720cm^{-1}$ 谱带，聚丙烯的 $1150cm^{-1}$ 谱带。计算公式如下：

$$\frac{聚乙烯质量百分数}{聚丙烯质量百分数} = K \frac{在 720cm^{-1} 的吸收}{在 1150cm^{-1} 的吸收}$$

3. 高分子材料结晶度的测定

选择合适的晶带或非晶带就可以测定结晶度。如聚乙烯的红外光谱图中 $730cm^{-1}$ 和 $720cm^{-1}$ 分别是晶态和非晶态的特征吸收谱带，通过测定这两个吸收谱带的相对强度即可测出高聚物的结晶度。

4. 研究聚合反应

把环氧树脂和各种固化剂混合后夹在 KBr 压片间，加热，每隔一定时间测定其红外光谱，在固化过程中，代表环氧基 $910cm^{-1}$ 峰逐渐减弱，这说明环氧树脂的环氧基在固化过程中不断被打开，而表征环氧树脂的芳核骨架振动吸收峰 $1610cm^{-1}$，在固化过程中强度是不变的。因此，如用 $910cm^{-1}$ 峰与 $1610cm^{-1}$ 峰的吸光度比值，对固化时间作图，即可得到一组固化速度曲线。对用不同温度、不同的固化剂所得结果进行分析，就可找出最佳的固化剂和固化条件。

任务实施

高分子材料的红外分析。

方案一：将学生分组，分别完成以下两项红外谱图分析。每组派一名同学为代表陈述鉴别结果及判断依据，其他小组同学和老师共同评议鉴别结果。

① 根据下面红外谱图，分析高分子材料类型。

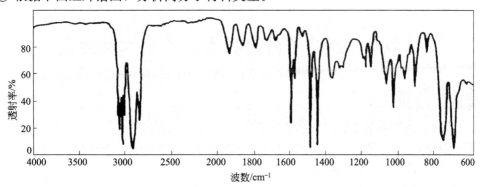

② 某种物质的分子式为 C_3H_6O，下面是它的红外谱图，试分析其结构式。

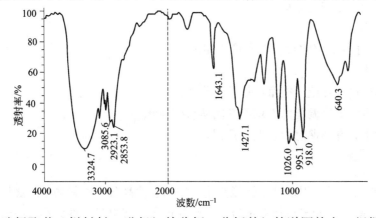

方案二：选择聚苯乙烯材料，进行红外分析，分析其红外谱图特点，根据分析过程进行答辩、考核。

综合评价

序号	考核项目	权重/%	评分标准					合计
			优秀 90~100	良好 80~89	中等 70~79	及格 60~69	不及格 <60	
1	学习态度	10						
2	鉴别操作	40						
3	鉴别结果	20						
4	知识理解及应用能力	10						
5	语言表达能力	5						
6	与人合作	5						
7	环保、安全意识	10						

学习情境三

高分子材料的物理性能检测

任务1　高分子材料吸水性及含水量测定

 任务介绍

进行塑料、橡胶的吸水性及含水量的测定。

【知识目标】

① 掌握塑料吸水性表示方法；

② 掌握塑料水分测定方法；

③ 掌握橡胶水分测定方法。

【能力目标】

能进行高分子材料吸水性及含水量的测定。

【素质目标】

① 培养学生遵规守纪、按章操作的工作作风；

② 锻炼学生组织协调能力，培养其团队合作意识；

③ 培养学生具有环保意识、安全意识。

任务分析

高分子材料吸水后会引起许多性能变化，例如会使高分子材料的电绝缘性能降低、模量减小、尺寸增大等，还会出现提取水溶性物质的现象。塑料吸水性大小取决于自身的化学组成，分子主链仅有碳、氢元素组成的塑料（如聚乙烯、聚丙烯、聚苯乙烯等）吸水性很小。分子主链上含有氧、羟基、酰胺基等亲水基团的塑料，吸水性较大。橡胶的吸水是一种扩散行为，与水溶性杂质的含量、硫化程度有关，极性橡胶一般高于非极性橡胶。

 相关知识

一、塑料的吸水性

（一）定义及试验原理

塑料吸水的性能叫吸水性，是指塑料吸收水分的能力。可以用以下三种方法表示吸水性：吸水量、单位表面积的吸水量、吸水百分率。可参照 GB/T 1034—2008（塑料吸水性试验方法）进行测试。

试验原理：将试样完全浸入水中或相对湿度为 50% 的空气中，在规定温度下经过一定时间后测定试样的质量变化。

标准浸泡时间为：在23℃的水中24h，在沸水中30min。测定浸水后或再干燥除水后试样质量的变化，求出其吸水量。

（二）试样

用三个试样进行试验。试样可用模塑或机械加工方法制备。试样表面应平整、光滑、清洁，且无因加工引起的烧焦痕迹。如果是切割制得的应在试验报告中记载。

试样表面若被油或其他会影响吸水性的材料污染了，需用对塑料及其吸水性无影响的清洁剂擦拭，且不要用手直接接触擦拭过的试样。试样尺寸见表3-1。

表3-1　试样尺寸

试样类型	试 样 制 备	总表面积/mm²
模塑料	试样直径为(50±1)mm，厚度为(3±0.2)mm的圆片，按有关标准模塑也可用边长为(50±1)mm，厚度为(4±0.2)mm的正方形试样	$D\pi h+2\left(\dfrac{\pi}{4}D^2\right)$ （D—外径，h—长度）
挤塑料	试样应从厚度为(3±0.2)mm的板材中加工得到 如果试样厚度大于(3±0.2)mm，并在有关应用中未作特别规定，则只能在一个表面上进行机械加工，使试样厚度达到(3±0.2)mm	$D\pi h+2\left(\dfrac{\pi}{4}D^2\right)$ （D—外径，h—长度）
板材	试样为边长(50±1)mm的正方形，从板材中按照 ISO 2818 机械加工制得 如果板材厚度小于或等于25mm，试样厚度与板材厚度相同；如果板材厚度大于25mm，应只在试样一面加工，使试样厚度达到25mm	$6a^2$（a 为正方形的边长）
管材	长度为(50±1)mm的一段试样，外径小于或等于50mm的管材，沿垂直于管材中心轴的平面切取试样；外径大于50mm，沿垂直于管材中心轴的平面切取(50±1)mm长的一段，再沿通过管材中心轴的两个平面切割，使试样外表面的弧长为(50±1)mm	$\pi h(D+d)+\dfrac{\pi}{4}(D^2+d^2)$ （D—外径，d—内径，h—长度）
棒材	直径小于或等于50mm的棒材，沿垂直于棒材中心轴的平面切取(50±1)mm长的一段作为试样；直径大于50mm的棒材，将直径同心加工到(50±1)mm后，再切取(50±1)mm长的一段作为试样	$\pi dh+\dfrac{\pi}{4}d^2$ （d—内径，h—长度）
型材	切取(50±1)mm的一段，厚度尽可能接近(3±0.2)mm	

（三）试验步骤及结果表示

1. 试验步骤

方法1：将试样放入50℃±2℃烘箱中干燥24h±1h，然后在干燥器内冷却到室温，称量每个试样，精确至1mg质量（质量m_1）。将试样放入盛有蒸馏水的容器中，水温控制在23℃±0.5℃或23℃±2℃（若产品标准另有规定，水温允许偏差为±2℃）。

浸泡24h±1h后，取出试样，用清洁干布或滤纸迅速擦去试样表面的水，再次称量每个试样，精确至1mg质量（质量m_2），试样从水中取出到称量完毕必须在1min之内完成。

若要测量饱和吸水量，则需再浸泡一段时间后重新称量。标准浸泡时间通常为24h，48h，96h，192h等。

方法2：若要考虑的水溶性物质的存在，则在完成方法1的步骤后，将试样放入50℃±2℃烘箱中再次干燥24h±1h。然后在干燥器内冷却到室温，再次称量每个试样，精确至1mg质量（质量m_3）。对于测量饱和吸水量，则只在最长的浸泡时间之后放入50℃±2℃烘箱中干燥24h±1h。

方法3：将试样放入50℃±2℃烘箱中干燥24h±1h，然后在干燥器内冷却到室温，称量每个试样，精确至1mg质量（质量m_1）。将试样完全浸入沸腾蒸馏水中。

浸泡30min±1min后，从沸水中取出试样，放入室温蒸馏水中，冷却15min±1min，取出用清洁干布或滤纸擦去试样表面的水，再次称量每个试样，精确至 1mg 质量（质量 m_2）。试样从水中取出到称量完毕必须在 1min 之内完成。

2. 结果表示

（1）用吸水量表示

$$W_a = m_2 - m_1 \tag{3-1}$$

或

$$W_a = m_2 - m_3 \tag{3-1a}$$

（2）用单位表面积的吸水量来表示

$$W_s = \frac{m_2 - m_1}{A} \tag{3-2}$$

或

$$W_s = \frac{m_2 - m_3}{A} \tag{3-2a}$$

（3）用吸水百分数来表示

$$W_m = \frac{m_2 - m_1}{m_1} \times 100\% \tag{3-3}$$

或

$$W_m = \frac{m_2 - m_3}{m_1} \times 100\% \tag{3-3a}$$

式中　W_a——试样的吸水量，mg；

　　　W_s——试样单位面积的吸水量，mg/mm^2；

　　　W_m——试样的吸水百分数；

　　　m_1——浸泡前试样的质量，mg；

　　　m_2——浸泡后试样的质量，mg；

　　　m_3——再次干燥后试样的质量，mg；

　　　A——试样原始表面积，mm^2。

（四）试验设备及影响因素

1. 试验设备

① 天平，感量 0.1mg；

② 烘箱，常温～200℃，温控精度为 ±2℃；

③ 干燥器，内装干燥剂（如 $CaCl_2$ 或 P_2O_5）；

④ 恒温水浴，控制精度为 ±0.1℃；

⑤ 量具，精度为 0.02mm。

2. 影响因素

（1）试样尺寸

试样尺寸不同，吸水量则不同，因此标准规定每一类型的材料的统一尺寸。尺寸不同，质量吸水百分数也不同，只有尺寸相同时，才能相互比较。

（2）材质均匀性

对均质材料可以进行比较，对非均质材料，无论是吸水量或吸水百分数或单位面积吸水量，只有在试样尺寸相同时才可作比较。

（3）试验的环境条件

对试验环境有一定要求，要求尽可能在标准环境下进行，因为试样浸水后擦干再称量，如果环境温度高湿度低，则在称量时就一边称一边在减轻，使结果偏低，反之结果就偏高。

（4）试验温度

试验温度要严格按照标准规定，太高太低都会给结果带来影响。

二、塑料的水分测定

塑料中含有一定量的水分，水分的存在对塑料的性能及成型加工会产生有害的影响，而且水在高温下会汽化，使制品产生气泡，影响制品性能。通常以试样原质量与试样失水后的质量之差与原质量之比的百分数来表示。一般目前广泛使用的测定水分含量的方法有：干燥恒重法、汽化测压法和卡尔·费休法（参照 GB/T 6283—2008 化工产品中水分含量的测定卡尔·费休法）。

（一）干燥恒重法

是将试样放在一定温度下干燥到恒重，根据试样前后的质量变化，计算水分含量。

（二）汽化测压法

是利用水的挥发性，在一个专门设计的真空系统中，加热试样，试样内部和表面的水蒸发出来，使系统压力增高，由系统压力的增加，求得试样的含水量。

（三）卡尔·费休直接电量滴定法

原理：存在于试样中的任何水分（游离水或结晶水）与已知滴定度的卡尔·费休试剂（碘、二氧化硫、吡啶和甲醇组成）进行定量反应。反应式如下：

$$H_2O+I_2+SO_2+3C_5H_5N \longrightarrow 2C_5H_5N \cdot HI+C_5H_5N \cdot SO_3$$

$$C_5H_5N \cdot SO_3+ROH \longrightarrow C_5H_5NH \cdot OSO_2OR$$

用卡尔·费休水分测定仪滴定，在浸入溶液的两铂电极间加上适当的电压，因溶液中存在着水而使阴极极化，电极间无电流通过。当滴定至终点时，阴极去极化，电流突然增加至一最大值，并保持 1min 左右，即为滴定终点。

1. 卡尔·费休试剂的配制

置 670mL 甲醇或乙二醇甲醚于干燥的 1L 带塞的棕色玻璃瓶中，加约 85g 碘，塞上瓶塞，振荡至碘全部溶解后，加入 270mL 吡啶，盖紧瓶塞，再摇动至完全混合。用下述方法溶解 6.5g 二氧化硫于溶液中。

通入二氧化硫时，用橡皮塞取代瓶塞。橡皮塞上装有温度计、进气玻璃管（离瓶底10mm，管径约为 6mm）和通大气毛细管。

将整个装置及冰浴置于天平上，称量，称准至 1g，通过软管使二氧化硫钢瓶（或二氧化硫发生器出口）与填充干燥剂的干燥塔及进气玻璃管连接，缓慢打开进气开关。

调节二氧化硫流速，使其完全被吸收，进气管中液位无上升现象。

随着质量的缓慢增加，调节天平砝码以维持平衡，并使溶液温度不超过 20℃，当质量增加达到 65g 时，立即关闭进气开关。

迅速拆去连接软管，再称量玻璃瓶和进气装置，溶解二氧化硫的质量应为 60～70g。稍许过量无妨碍。盖紧瓶塞后，混合溶液，放置暗处至少 24h 后使用。

此试剂滴定度为 3.5～4.5mg/mL。若用甲醇制备，需逐日标定；若用乙二醇甲醚制备，则不必时常标定。

用样品溶剂稀释所制备的溶液，可以制得较低滴定度的卡尔·费休试剂。

试剂宜贮存于棕色试剂瓶中，放于暗处，并防止大气中湿气影响。

2. 操作步骤

（1）卡尔·费休试剂的标定

用硅酮润滑脂润滑接头，用注射器经橡皮塞注入 25 mL 甲醇到滴定容器中，打开电磁搅拌器，并连接终点电量测定装置。

调节仪器，使电极间有 1~2V 电位差，同时电流计指示出低电流，通常为几微安。为了与存在于甲醇中的微量水反应，加入卡尔·费休试剂，直到电流计指示电流突然增加至 10~20μA，并至少保持稳定 1min。

在小玻璃管中，称取约 0.250g 酒石酸钠，称准至 0.0001g，移去橡皮塞，在几秒钟内迅速地将它加到滴定容器中，然后再称量小玻璃管，通过减差确定使用的酒石酸钠质量（m_3）。也可由滴瓶加入约 0.040g 水进行标定。称量加到滴定容器前、后滴瓶的质量，通过减差确定使用的水质量（m_4）。

用水-甲醇标准溶液标定，用待标定的卡尔·费休试剂滴定加入的已知量水，到电流计指针达到同样偏斜度，并至少保持稳定 1min，记录消耗卡尔·费休试剂的体积（V_3）。

（2）测定

通过排泄嘴将滴定容器中残液放完，用注射器经橡皮塞注入 25mL（或按待测试样规定的体积）甲醇或其他溶剂（吡啶或样品），打开电磁搅拌器，为了与存在于甲醇中的微量水反应，按（1）规定加入卡尔·费休试剂，直到电流计指针产生突然偏斜，并至少保持稳定 1min。

试样的加入，若是液体，以注射器注入；若是固体粉末，用小玻璃管称取适量试样加入，称准至 0.0001g。使用同样终点电量测定的操作步骤，用卡尔·费休试剂滴定至终点，记录测定时消耗卡尔·费休试剂的体积（V_4）。

（3）结果表示

① 卡尔·费休试剂的滴定度 T，以 mg/mL 表示，按式(3-4) 或式(3-5) 计算：

$$T = \frac{m_3 \times 0.1566}{V_3} \tag{3-4}$$

$$T = \frac{m_4}{V_3} \tag{3-5}$$

式中　m_3——若用酒石酸钠标定，表示所加入酒石酸钠的质量，mg；

m_4——若用水标定，表示所加入水的质量，mg；

V_3——标定时，消耗卡尔·费休试剂的体积，mL；

0.1566——酒石酸钠质量换算为水的质量系数。

② 试样水含量。试样水含量 X 以质量百分数表示，按式(3-6) 或式(3-7) 计算。

$$X = \frac{V_4 \times T}{m_0 \times 10} \tag{3-6}$$

$$X = \frac{V_4 \times T}{V_0 \times \rho \times 10} \tag{3-7}$$

式中　m_0——试样的质量（固体试样），g；

V_0——试样的体积（液体试样），mL；

V_4——测定时，消耗卡尔·费休试剂的体积，mL；

ρ——20℃时试样的密度（液体试样），g/mL；

T——按式(3-4)、式(3-5)计算的卡尔·费休试剂的滴定度，mg/mL。

三、橡胶的水分测定

（一）原理

根据橡胶与甲苯不溶，而水与甲苯也不溶，将橡胶与甲苯混合，由于甲苯比水更容易渗透到橡胶中去，置换了橡胶中的水分，在一定温度下加热，蒸馏出橡胶中的水分，从而计算出其含水量。

（二）测试方法

用分析天平称取 25mg（精确至 0.01g）已剪碎的试样，置于测定水分的圆底烧瓶中，加入 100mL 以水饱和的甲苯或二甲苯溶剂。冷凝器通冷却水，用预先加热至 120℃的油浴加热烧瓶，当温度升至 170℃时，维持此温度继续加热，至收集器中水层在 10～15min 内体积不变为止。若冷凝器内附有水珠，需继续加热使溶剂沸腾把水珠带下来，待冷却至室温，读取水的体积数。若收集器中溶剂浑浊时，可将收集器浸于热水中 20～30min 使其分层，冷却后读数，同时做空白试验。

（三）结果计算

$$W_x = \frac{(V-V_0)d_t}{m} \times 100\% \tag{3-8}$$

式中　W_x——橡胶中水分含量；

　　　V_0——空白试验水分收集器中水的体积，mL；

　　　V——测试试样时水分收集器中的水的体积，mL；

　　　d_t——t 温度时水的相对密度；

　　　m——试样质量，g。

任务实施

将学生分组，分别进行高分子材料吸水性、塑料的水分测定和橡胶水分测定。每组派一名同学为代表陈述操作过程和结果，其他小组同学和老师共同评议鉴别结果。

综合评价

序号	考核项目	权重/%	评分标准					合计
			优秀 90～100	良好 80～89	中等 70～79	及格 60～69	不及格 <60	
1	学习态度	10						
2	鉴别操作	40						
3	鉴别结果	20						
4	知识理解及应用能力	10						
5	语言表达能力	5						
6	与人合作	5						
7	环保、安全意识	10						

任务 2　高分子材料密度的测定

 **任务介绍**

进行橡胶或塑料密度的测定。

【知识目标】

① 掌握塑料密度的测定方法；

② 掌握橡胶密度的测定方法。

【能力目标】

能进行橡胶或塑料密度的测定。

【素质目标】

① 培养学生遵规守纪、按章操作的工作作风；

② 锻炼学生组织协调能力，培养其团队合作意识；

③ 培养学生具有环保意识、安全意识。

 **任务分析**

密度是高分子材料重要的物理参数之一，通常用来考查材料的物理结构或组成的变化，也用来评价样品或试样的均一性。可作为橡塑材料的鉴别、分类、命名、划分牌号和质量控制的重要依据，为科研及产品加工应用提供基本性能指标。密度测定方法有浸渍法、滴定法、密度梯度法等，根据情况进行合理选择。可参照 GB/T 1033.1—2008（塑料 非泡沫塑料密度的测定 第1部分 浸渍法、液体比重瓶法和滴定法）、GB/T 1033.2—2010（塑料 非泡沫塑料密度的测定 第 2 部分：密度梯度柱法）、GB/T 1033.3—2010（塑料 非泡沫塑料密度的测定 第3部分 气体比重瓶法）进行测量。其中浸渍法，适用于除粉料外无气孔的固体塑料；液体比重瓶法，适用于粉料、片料、粒料或制品部件的小切片；滴定法，适用于无孔的塑料；密度梯度法适用于模塑或挤出的无孔非泡沫塑料固体颗粒；气体比重瓶法适用于内部不含孔隙的任何形状的固体非泡沫塑料。

相关知识

一、术语和定义

1. 质量

物体所含物质的量，以 kg（千克）或 g（克）为单位。

2. 表观质量

用天平测量所得到的物体的质量，以 kg（千克）或 g（克）为单位。

3. 密度

试样的质量 m 与其在温度 t 时的体积之比，称为密度，以 kg/m^3、kg/dm^3（g/cm^3）或 kg/L 为单位，用符号 ρ 表示。

由于密度随温度变化，故引用密度时必须指明温度，温度 $t\ ℃$ 时的密度用 ρ_t 表示。一般塑料密度为 $0.80\sim2.30g/cm^3$。

二、塑料和橡胶密度的测定

非泡沫塑料密度的测定可以参照国家标准：GB/T 1033.1—2008 塑料 非泡沫塑料密度的测定（第 1 部分：浸渍法、液体比重瓶法和滴定法；第 2 部分：密度梯度法；第 3 部分：气体比重瓶法）。

（一）A 法（浸渍法）

1. 仪器

① 天平，精确到 0.1mg；

② 浸渍容器，烧杯或其他适用于盛放浸渍液的大口径容器；

③ 固定支架，如容器支架，可将浸渍容器支放在水平面板上；

④ 温度计，最小分度值为 0.1℃，范围为 0~30℃；

⑤ 金属丝，具有耐腐蚀性，直径不大于 0.5mm，用于浸渍液中悬挂试样；

⑥ 重锤，具有适当的质量，当试样的密度小于浸渍液的密度时，可将重锤悬挂在试样托盘下端，使试样完全浸在浸渍液中；

⑦ 比重瓶，带侧臂式溢流毛细管，当浸渍液不是水时，用来测定浸渍液的密度。比重瓶应配备分度值为 0.1℃，范围为 0~ 30℃ 的温度计；

⑧ 液浴，在测定浸渍液的密度时，可以恒温在 ±0.5℃ 范围内。

2. 浸渍液

用新鲜的蒸馏水或去离子水，或其他适宜的液体（含有不大于 0.1% 的润湿剂以除去浸渍液中的气泡）。在测试过程中，试样与该液体或溶液接触时，对试样应无影响。如果除蒸馏水以外的其他浸渍液来源可靠且附有检验证书，则不必再进行密度测试。

3. 试样

试样为除粉料以外的任何无气孔材料，试样尺寸应适宜，从而在样品和浸渍液容器之间产生足够的间隙，质量应至少为 1g。当从较大的样品中切取试样时，应使用合适的设备以确保材料性能不发生变化。试样表面应光滑，无凹陷，以减少浸渍液中试样表面凹陷处可能存留的气泡，否则就会引入误差。

4. 操作步骤

① 在空气中称量由一直径不大于 0.5mm 的金属丝悬挂的试样的质量。试样质量不大于 10g，精确到 0.1mg；试样质量大于 10g，精确到 1mg，并记录试样的质量。

② 将用细金属丝悬挂的试样浸入放在固定支架上装满浸渍液的烧杯里，浸渍液的温度应为 23℃±2℃（或 27℃±2℃）。用细金属丝除去黏附在试样上的气泡。称量试样在浸渍液中的质量，精确到 0.1mg。

如果在温度控制的环境中测试，整个仪器的温度，包括浸渍液的温度都应控制在 23℃±2℃（或 27℃±2℃）范围内。

如果浸渍液不是水，浸渍液的密度需要用下列方法进行测定：称量空比重瓶质量，然后在温度 23℃±0.5℃（或 27℃±0.5℃）下，充满新鲜蒸馏水或去离子水后再称量。将比重瓶倒空并清洗干燥后，同样在 23℃±0.5℃（或 27℃±0.5℃）温度下充满浸渍液并称量。用液浴来调节水或浸渍液以达到合适的温度。

按式(3-9) 计算 23℃ 或 27℃ 时浸渍液的密度：

$$\rho_{IL} = \frac{m_{IL}}{m_w} \times \rho_w \tag{3-9}$$

式中　ρ_{IL}——23℃或27℃时浸渍液的密度，g/cm^3；

　　　m_{IL}——浸渍液的质量，g；

　　　m_w——水的质量，g；

　　　ρ_w——23℃或27℃时水的密度，g/cm^3。

按式(3-10)计算23℃或27℃时试样的密度：

$$\rho_S = \frac{m_{S,A} \times \rho_{IL}}{m_{S,A} - m_{S,IL}} \tag{3-10}$$

式中　ρ_S——23℃或27℃时试样的密度，g/cm^3；

　　　$m_{S,A}$——试样在空气中的质量，g；

　　　$m_{S,IL}$——试样在浸渍液中的表观质量，g；

　　　ρ_{IL}——23℃或27℃时浸渍液的密度，g/cm^3，可由供货商提供或由式(3-9)计算得出。

对于密度小于浸渍液密度的试样，除下述操作外，其他步骤与上述方法完全相同。

在浸渍期间，用重锤挂在细金属丝上，随试样一起沉在液面下。在浸渍时，重锤可以看作是悬挂金属丝的一部分。在这种情况下，浸渍液对重锤产生的向上的浮力是可以允许的。试样的密度用式(3-11)来计算：

$$\rho_S = \frac{m_{S,A} \times \rho_{IL}}{m_{S,A} + m_{K,IL} - m_{S+K,IL}} \tag{3-11}$$

式中　ρ_S——23℃或27℃时试样的密度，g/cm^3；

　　　$m_{K,IL}$——重锤在浸渍液中的表观质量，g；

　　　$m_{S+K,IL}$——试样加重锤在浸渍液中的表观质量，g。

对于每个试样的密度，至少进行三次测定，取平均值作为试验结果，结果保留到小数点后第三位。

(二) C法（滴定法）

1. 仪器

① 液浴，在测定浸渍液的密度时，可以恒温在±0.5℃范围内。

② 玻璃量筒，容量为250mL。

③ 温度计，分度值为0.1℃，温度范围适合于测试所需温度。

④ 容量瓶，容积为100mL。

⑤ 平头玻璃搅拌棒。

⑥ 滴定管，容量为25mL，分度值0.1mL，可以放置在液浴中。

2. 浸渍液

需要两种可互溶的不同密度的液体，其中一种液体的密度低于被测样品的密度，而另一种液体的密度高于被测样品的密度，见表3-2。必要时，可用几毫升液体进行快速初预测。

在测试过程中，要求液体与试样接触对试样不产生影响。

表 3-2 方法 C 的液体体系

体 系	密度范围/(g/cm³)	体 系	密度范围/(g/cm³)
甲醇/苯甲醇	0.79~1.05	乙醇/氯化锌水溶液②	0.79~1.70
异丙醇/水	0.79~1.00	四氯化碳/1,3-二溴丙烷	1.60~1.99
异丙醇/二甘醇	0.79~1.11	1,3-二溴丙烷/溴化乙烯	1.99~2.18
乙醇/水	0.79~1.00	溴化乙烯/溴仿	2.18~2.89
甲苯/四氯化碳	0.87~1.60	四氯化碳/溴仿	1.60~2.89
水/溴化钠水溶液①	1.00~1.41	异丙醇/甲基乙二醇乙酸酯	0.79~1.00
水/硝酸钙水溶液	1.00~1.60		

① 质量分数为 40%的溴化钠溶液的密度为 1.41g/cm³。

② 质量分数为 67%的氯化锌溶液的密度为 1.70g/cm³。

3. 试样

试样应是无气孔的具有合适形状的固体。

4. 测试步骤

① 用 100mL 容量瓶准确称量 100mL 较低密度的浸渍液倒入干燥的 250mL 的玻璃量筒中，并将装浸渍液的量筒放入到液浴中，恒温到 23℃±0.5℃（或 27℃±0.5℃）。

② 将试样放入到量筒中，试样应沉入底部，并不应有气泡。搅拌几次，量筒及量筒内的试样在恒温液浴中稳定。

③ 当液体的温度达到 23℃±0.5℃（或 27℃±0.5℃）时，用滴定管每次取 1mL 重浸渍液加入到量筒中，每次加入后，用玻璃棒竖直搅拌浸渍液，防止产生气泡。

每次加入重浸渍液并搅拌后，观察试样的现象，起初试样迅速沉底，当加入较多的重浸渍液后，样片下沉的速率逐渐减慢。这时，每次加入 0.1mL 重浸渍液。同样每次加入后用玻璃棒竖直搅拌浸渍液，当最轻的试样在液体里悬浮，且能保持至少 1min 不做上下运动时。记录加入的重浸渍液的总量，这时混合液的密度相当于被测试样密度的最低限。

继续滴加重浸渍液，每次加入后用玻璃棒竖直搅拌浸渍液，当最重的试样在混合液中某一水平也能稳定至少 1min 时，记录所添加重浸渍液的总量，这时混合液的密度相当于被测试样密度的最高限。

对于每对液体（轻浸渍液和重浸渍液），建立加入重浸渍液的量与混合液体密度两者之间的函数关系曲线，曲线上每点所对应混合液体的密度可用密度瓶法来测定。

（三）密度梯度法

密度梯度柱是指由两种液体组成的、密度从顶部到底部在一定范围内均匀提高的液体柱。

1. 仪器

① 密度梯度柱，直径不小于 40mm，顶端有一个盖子。液体柱的高度应与所需的精度相匹配，刻度间隔一般为 1mm。

② 液体恒温浴，根据灵敏度的要求，控温精度为±0.1℃或±0.5℃。

③ 经校准的玻璃浮子，覆盖整个测试量程并在量程范围内均匀分布。

④ 天平，精度为 0.1mg。

⑤ 虹吸管或毛细填充管组合，用于向梯度柱或其他适宜的装置中注入密度梯度液。

2. 浸渍液

由两种密度不同的可互溶的液体制备，若使用纯液体，应为刚蒸馏过的液体。在测试过程中浸渍液不应对试样产生影响。

3. 试样

试样应为从被测材料上切出的形状容易辨认的小粒，控制试样的大小以确保其中心位置容易确定。

当从较大的样品中切取试样时，应确保材料的物理参数不因产生过多的热量而发生变化。试样表面应光滑，无凹陷，从而避免因试样表面有气泡存留而产生误差。

4. 密度梯度柱的配制

将两个完全相同的容器按图 3-1 组装，选取一定量的两种液体（经缓慢加热、抽真空或超声波清洗而排除气体），将一定量的轻液加入到容器 2 中（总量至少为梯度柱所需浸渍液量的一半），打开磁力搅拌，调节搅拌速度使液面不发生剧烈振动。将同样量的重液加入到容器 1 中（注意不要带入空气），打开容器 2 的阀门，用轻液充满毛细填充管，毛细填充管用来控制液体的流速。向密度梯度柱底部开始缓慢注入液体，直到液面达到梯度柱顶端。

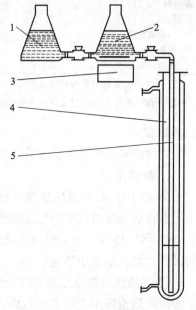

图 3-1　密度梯度柱配制装置
1—容器 1（装重液）；
2—容器 2（装轻液）；3—磁力搅拌；
4—密度梯度柱；5—毛细填充管

使用前应将制好的密度梯度柱放置至少 24h。

5. 玻璃浮子的制备和校准

玻璃浮子应为采用任何便利方法制得的、直径不大于 8mm 且经过充分退火的近似球形物。

制备某一密度范围的玻璃浮子，需准备一系列 500mL 左右由两种浸渍液按不同比例配制的混合液，混合液的密度范围应覆盖密度梯度柱所测密度的整个范围，在室温下将浮子轻轻放入到这些混合液中。

选取适宜的玻璃浮子并按下列步骤进行调整，使其与相应的混合液的密度近似匹配。

在玻璃板上用粒径小于 $38\mu m$（400 目）的碳化硅的稀浆液或其他适宜的擦拭剂打磨玻璃浮子，或用氢氟酸刻蚀玻璃浮子。

确定以上得到的每一个玻璃浮子的精确密度。将浮子轻放到置于液体恒温浴中的混合液（浸渍液）中，液体恒温浴的温度为密度梯度柱的使用温度（23℃±0.1℃或 27℃±0.1℃）。如果浮子下沉，加入两种液体中较重的液体（相反，如果浮子上浮，加入较轻的液体），然后轻轻地搅拌使混合液均匀。观察浮子在混合液（浸渍液）中是否稳定不动，如果浮子向上或向下移动，则按上述步骤再次调节混合液的密度，直到浮子可以静止至少 30min 为止。当浮子达到平衡时混合液的密度记为该浮子的密度。该混合液（浸渍液）的密度根据 GB/T 1033.1—2008 中的液体比重瓶法或其他适宜的方法确定。每个浮子的密度应精确到 $0.0001g/cm^3$。

至少选择 5 个浮子，按照上述方法操作。测量每个浮子的几何中心高度，精确到 1mm。绘制浮子密度（ρ）-浮子高度（H）的工作函数曲线，图要足够大，确保曲线中的点所对应的坐标值可以精确到 $\pm 0.0001g/cm^3$ 和 $\pm 1mm$。

6. 试样密度的测定

准备 3 个试样，用配制密度梯度柱时所用的轻液将 3 个试样润湿，将试样依次放入梯度柱中，试样在梯度中达到稳定需要 10min 或更长时间，厚度小于 0.05mm 的薄膜试样需要至少 1.5h 才能达到平衡，测量试样几何中心高度，在所绘制的浮子密度（ρ）-浮子高度（H）的工作函数曲线上找到试样的高度值，读出对应的试样密度值。

任务实施

高分子材料的密度的测定。

将学生分组，分别采用浸渍法、滴定法、密度梯度柱法进行聚苯乙烯密度的测定。每组派一名同学为代表陈述测定结果，其他小组同学和老师共同评议鉴别结果。

综合评价

序号	考核项目	权重/%	评分标准					合计
			优秀 90～100	良好 80～89	中等 70～79	及格 60～69	不及格 <60	
1	学习态度	10						
2	操作方法	40						
3	结果	20						
4	知识理解及应用能力	10						
5	语言表达能力	5						
6	与人合作	5						
7	环保、安全意识	10						

任务3　高分子材料溶解性和相对分子质量的测定

任务介绍

选择适当的溶剂溶解聚乙烯醇，用黏度法测定聚乙烯醇的相对分子质量。

【知识目标】

① 了解非晶态、晶态高聚物溶解过程；

② 掌握高分子材料溶剂选择原则；

③ 了解高分子溶液特点；

④ 掌握黏度法测高聚物相对分子质量的方法。

【能力目标】

能正确选择高分子材料溶剂，能用黏度法测高聚物相对分子质量。

【素质目标】

① 培养学生遵规守纪、按章操作的工作作风；

② 锻炼学生组织协调能力，培养其团队合作意识；

③ 培养学生具有环保意识、安全意识。

任务分析

人们在生产实践和科学研究中经常遇到高分子溶液，如进行热力学研究、动力学研究、相对分子质量及其分布测量时，经常使用高聚物稀溶液。涂料、胶黏剂、油漆的制备，高聚物纺丝、增塑作用等直接应用高聚物浓溶液。

黏度法是工厂、实验室经常采用的一种高聚物相对分子质量的测定方法，该法简单、方便，要注意选择适当的溶剂、控制实验条件、采用正确的操作方法。

相关知识

高聚物溶液是指高聚物以分子状态分散在溶剂中所形成的均相混合物。其中高聚物浓度在5％以下的称为稀溶液，高于5％的称为浓溶液。溶液的性质随浓度的变化而有很大的差异。

一、高分子材料的溶解性

1. 非晶态高聚物的溶解

将非晶态高聚物与足够量低分子溶剂相混合，溶解过程最关键的步骤是溶胀，无限溶胀即达到溶解状态。

高聚物与溶剂开始混合时，溶剂分子与非晶高聚物表面接触，使高聚物表面上的分子链段先被溶剂化，但因高聚物分子链很长，还有一部分链段埋在聚物表面以内，未被溶剂化，不能溶出，此时的运动单元是溶剂分子和部分链段。随着溶剂分子不断地向深层次溶剂化，深入高分子链之间，使高聚物的体积膨胀，并有少量高分子溶出，均匀地分散到溶剂分子之中，此时的运动单元是溶剂分子、大部分链段和少部分高分子，此时的状态称为溶胀。溶胀后的高聚物，随着溶剂分子的进一步溶剂化，高分子不断溶出，不断分散，高分子链间相互分离而与溶剂分子均匀混合，最后全部溶解在溶剂之中，此时的运动单元是溶剂分子、所有链段和所有高分子。其溶解的过程如图 3-2 所示。

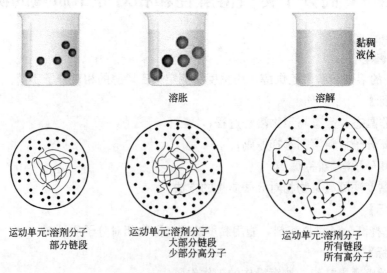

图 3-2 非晶高聚物溶解过程

由于大分子的运动速率很慢，要想溶解，必须加足够多的溶剂，必须有足够的时间（几天或几周），为了缩短溶解时间，可以采用搅拌、加热的方法。对于网状高聚物，溶胀到一定体积后，无论放置多长时间，溶胀体积不变，更不能溶解。

2. 结晶高聚物的溶解

极性结晶高聚物，选择适当的强极性溶剂，在常温下就可以溶解。非极性结晶高聚物，在常温下是不溶解的。要想溶解，首先要加热到熔点附近，使结晶熔化，成为无定形的液态，再按上述溶解过程溶解。如低压聚乙烯在四氢萘中要在120℃才能溶解，全同立构或间同立构聚丙烯在十氢萘中要在130℃才能很好溶解。

3. 溶剂的选择

（1）极性相似原则

一般极性高聚物溶解于极性溶剂之中，非极性高聚物溶解于非极性溶剂之中；极性大的高聚物溶解于极性大的溶剂之中，极性小的高聚物溶解于极性小的溶剂之中。如聚苯乙烯溶于苯或乙苯；天然橡胶、丁苯橡胶溶于苯、石油醚、甲苯等；聚乙烯醇可溶于水和乙醇中；聚甲基丙烯酸甲酯溶于氯仿和丙酮中。

（2）溶剂化作用原则

高聚物分子与溶剂分子之间产生的作用力大于高分子链间的内聚力时，可使高聚物分子彼此分离而溶解于溶剂中，即为溶剂化作用。

一般高聚物分子中含有大量亲电子基团，则能溶于含有给电子基团的溶剂中。比如，三醋酸纤维素含有给电子基团，可溶于亲电子的二氯甲烷和三氯甲烷中。

（3）溶解度参数（δ）相近原则

溶解度参数（δ）：指内聚能密度（CED）的平方根。

一般非极性或弱极性高聚物，选择$|\delta_1-\delta_2|<1.5$。对于极性高聚物，溶解度参数的规律需要修正，具体见表3-3。

表3-3　部分高聚物的溶解度参数

高 聚 物	δ_1	溶剂	δ_2	$|\delta_1-\delta_2|$
聚苯乙烯	17.4~19.0	苯	18.7	0.3~1.3
丁苯橡胶	16.6~17.8	甲苯	18.2	0.4~1.6
聚甲基丙烯酸甲酯	18.6~26.2	丙酮	20.4	1.8~5.8
聚乙烯醇	25.8~29.1	水	47.4	18.3~21.6

上述三个原则，在应用时不能只考虑其中一个原则，要考虑各种因素（如结晶、氢键等）对溶解的影响，同时还要配合试验结果，才能选出合适的溶剂。

此外，还必须考虑溶解的目的。如作为油漆使用的高聚物溶解时，所选择的溶剂，挥发性要好，否则油漆不易干燥，影响生产，影响质量。与之相反，作为增塑剂来用的溶剂，其挥发性一定要小，以确保增塑剂长期保留在高聚物中，使其性能稳定。作为测定高聚物相对分子质量的溶剂，尽量选择室温就可以溶解的，对测定结果无干扰的溶剂，以便于进行测定。

溶解过程中，无定形高聚物的溶解度随相对分子质量的增加而减小，利用此点可以对高聚物进行分级。结晶高聚物的溶解度不仅依赖于相对分子质量而且更重要的是依赖于结晶度，结晶度越高，分子间作用力越大，则越难溶解。

4. 高聚物溶液的一般特性

① 高分子的溶解过程慢；

② 高分子溶液的黏度大；

③ 高分子溶液为非理想溶液；

④ 溶液性质随浓度变化很大；

⑤ 多数高分子浓溶液能抽丝或成膜。

二、高聚物的相对分子质量

高聚物的许多性能与相对分子质量有直接的关系，因此，高聚物相对分子质量及其分布不仅是高聚物合成时要控制的重要工艺指标，也是高聚物材料成型加工时的最基本结构参数。

（一）高聚物相对分子质量的统计意义

为了明确地解释高聚物相对分子质量的统计意义，以下列体系为研究对象。即体系内各组分的相对分子质量为：M_1、M_2、M_3、$M_4 \cdots M_n$；各组分的摩尔数为：n_1、n_2、n_3、$n_4 \cdots n_n$；各组分的质量为：W_1、W_2、W_3、$W_4 \cdots W_n$；则定义如下各相对分子质量表达式。

1. 数均相对分子质量（$\overline{M}_n$）

$$\overline{M}_n = \frac{n_1 M_1 + n_2 M_2 + n_3 M_3 + \cdots}{n_1 + n_2 + n_3 + \cdots} = \frac{\sum n_i M_i}{\sum n_i} = \sum N_i M_i \tag{3-12}$$

式中　N_i——相对分子质量为 M_i 组分的摩尔分数，$N_i = \dfrac{n_i}{\sum n_i}$；

　　　M_i——i 组分相对分子质量。

2. 重均相对分子质量（$\overline{M}_w$）

$$\overline{M}_w = \frac{W_1 M_1 + W_2 M_2 + W_3 M_3 + \cdots}{W_1 + W_2 + W_3 + \cdots} = \frac{\sum W_i M_i}{\sum W_i} = \sum \overline{W}_i M_i \tag{3-13}$$

式中　$\overline{W}_i$——相对分子质量为 M_i 组分的质量分数，$\overline{W}_i = \dfrac{W_i}{\sum W_i}$；

　　因为：$W_i = n_i M_i$

　　所以：

$$\overline{M}_w = \frac{\sum n_i M_i^2}{\sum n_i M_i} \tag{3-14}$$

3. Z 均相对分子质量（$\overline{M}_Z$）

$$\overline{M}_Z = \frac{\sum n_i M_i^3}{\sum n_i M_i^2} \tag{3-15}$$

4. 黏均相对分子质量（$\overline{M}_\eta$）

$$\overline{M}_\eta = \left[\frac{\sum n_i M_i^{\alpha+1}}{\sum n_i M} \right]^{1/\alpha} = \left[\sum \overline{W}_i M_i^\alpha \right]^{1/\alpha} \tag{3-16}$$

式中　α——相对分子质量常数，与高分子的大小、形态、溶剂和测定温度有关。

5. 相对分子质量分散系数

对不同相对分子质量的分散体系，四种平均相对分子质量的关系是不一样的。对单分散体系，计算结果是四种平均相对分子质量相等的，即：$\overline{M}_n = \overline{M}_w = \overline{M}_Z = \overline{M}_\eta$。对多分散体系，计算结果是：$\overline{M}_n < \overline{M}_\eta < \overline{M}_w < \overline{M}_Z$。

在实际中常用 $\dfrac{\overline{M}_w}{\overline{M}_n}$ 的比值表示高聚物相对分子质量的分散程度，故又将 $\dfrac{\overline{M}_w}{\overline{M}_n}$ 比值定义为高聚物相对分子质量分散系数，一般用 HI 表示，即：

$$HI = \frac{\overline{M_w}}{\overline{M_n}} \qquad (3-17)$$

当 HI=1，表明体系为单分散；当 HI>1，表明体系为多分散。

（二）平均相对分子质量的测定方法

高聚物平均相对分子质量的测定方法多数是在低分子化合物相对分子质量测定方法基础上发展起来的。只不过高聚物平均相对分子质量的测定必须是在高聚物稀溶液中进行的。高聚物相对分子质量测定方法见表 3-4。

表 3-4　高聚物相对分子质量测定方法

测定方法	统计意义	测定原理	适用范围
端基分析法	数均	化学	3×10^4 以下
沸点升高法	数均	热力学	3×10^4 以下
冰点降低法	数均	热力学	5×10^3 以下
膜渗透压法	数均	热力学	$2 \times 10^4 \sim 1 \times 10^6$
气相渗透压法	数均	热力学	3×10^4 以下
光散射法	重均	光学	$2 \times 10^4 \sim 1 \times 10^7$
黏度法	黏均	动力学	$1 \times 10^4 \sim 1 \times 10^7$
超速离心沉降法	数均、重均	动力学	$1 \times 10^4 \sim 1 \times 10^7$
凝胶渗透色谱法	数均、重均、黏均及分布		$1 \times 10^3 \sim 1 \times 10^7$

三、高分子溶液的黏度

1. 相对黏度

$$\eta_r = \frac{\eta}{\eta_0} \qquad (3-18)$$

2. 增比黏度

$$\eta_{sp} = \frac{\eta - \eta_0}{\eta_0} = \eta_r - 1 \qquad (3-19)$$

3. 比浓黏度

$$\frac{\eta_{sp}}{c} = \frac{\eta_r - 1}{c} \qquad (3-20)$$

4. 比浓对数黏度

$$\frac{\ln \eta_r}{c} \qquad (3-21)$$

5. 特性黏度

$$[\eta] \equiv \lim_{c \to 0} \frac{\eta_{sp}}{c} \equiv \lim_{c \to 0} \frac{\ln \eta_r}{c} \qquad (3-22)$$

当高聚物、溶剂、温度一定时，满足马克-豪温方程：$[\eta] = KM^\alpha$，条件一定时，K、α 可查。

四、高聚物相对分子质量的测定（黏度法）

高聚物相对分子质量的测定方法很多，比较起来，黏度法设备简单、操作方便，并有很好的实验精度，是常用的方法之一。测定采用的黏度计为奥氏黏度计或乌氏黏度计（图 3-3）。虽然两种黏度计都是直接测得固定体积 V 的溶液流过 a、b 二刻线的时间。但后一种黏度计还有如下优点，一是倾斜误差小；二是能在黏度内加入溶剂进行稀释，因而容许吸取一次溶液后，即能进行几个浓度下的测定，而且操作简单方便。

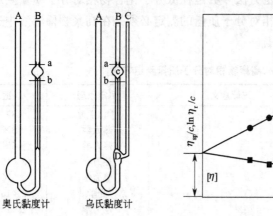

图 3-3　黏度剂　　　　　图 3-4　$\dfrac{\eta_{sp}}{c}\text{-}c$ 及 $\dfrac{\ln\eta_r}{c}\text{-}c$ 关系图

（一）〔η〕的确定

1. 仪器

毛细管黏度计（乌氏黏度计）。

2. 原理

依据泊萧尔定律，流体黏度

$$\eta_r=\frac{\pi PR^4 t}{8lV}=\frac{\pi gh\rho R^4 t}{8lV}=A\rho t$$

高聚物稀溶液：

$$\eta_r=\frac{溶液黏度}{溶剂黏度}=\frac{\eta}{\eta_0}=\frac{A\rho t}{A\rho_0 t_0}\approx\frac{t}{t_0}$$

Huggins 方程式

$$\frac{\eta_{sp}}{c}=[\eta]+K'[\eta]^2 c$$

Kraemer 方程式

$$\frac{\ln\eta_r}{c}=[\eta]+K''[\eta]^2 c$$

截距为〔η〕。

$\dfrac{\eta_{sp}}{c}\text{-}c$ 及 $\dfrac{\ln\eta_r}{c}\text{-}c$ 的关系图如图 3-4 所示。

（二）实验操作

本实验使用恒温水浴槽、乌氏黏度计、秒表等，采用黏度法测定高聚物的相对分子质量。

1. 药品和仪器

① 药品：聚乙烯醇、蒸馏水。

② 仪器：乌氏黏度计、恒温水浴槽、电子天平、秒表、移液管、容量瓶、烧杯、吸耳球等。

2. 实验步骤

（1）准备仪器

将乌氏黏度计、容量瓶、移液管、烧杯等玻璃仪器洗净、烘干。恒温水浴槽调节至25℃±0.05℃。

（2）准备溶剂

用100mL容量瓶装约100mL蒸馏水，在恒温槽内恒温15min以上。

（3）称量药品

打开电子天平右门，放入硫酸纸，关闭右门，待示数稳定后按"去皮"按钮，打开电子天平右门，将约0.5g试样放入硫酸纸中央，不够量时可少量逐渐添加，关闭电子天平右门，待示数稳定后读数。

（4）配制溶液

将试样倒入小烧杯中，加入约25mL蒸馏水，将小烧杯放入热水浴中加热，搅拌，使试样全部溶解。将溶解后的试样移入50mL容量瓶中，注意不要洒出。用约20mL蒸馏水分三次冲洗搅拌棒和烧杯，将冲洗液移入容量瓶中，注意距离容量瓶刻度线约1cm，用恒温的溶剂稀释，定容。

将配制好的溶液、乌氏黏度计放入恒温槽内恒温15min以上，确保黏度计竖直，恒温水浸没至黏度计的a线以上。

（5）测溶液流出时间

用10mL移液管移取已配制好的聚乙烯醇溶液，将移取的溶液迅速放入乌氏黏度计A管中，恒温5～10min，用止血钳夹住C管上的乳胶管，用吸耳球由B管口将聚乙烯醇溶液吸入C球，达到a刻度线以上，拿走吸耳球，放开止血钳，让溶液自由流下，准备用秒表计时。当溶液凹液面与a刻度线相切时开始计时，当溶液凹液面与b刻度线相切时计时结束。重复测量至少三次，每次时间相差不得超过0.2s，否则重测，记录，取三次平均值记为t_1。

（6）测量稀释液流出时间

用5mL移液管吸取5mL恒温的溶剂，准备用来稀释溶液。将溶剂从A管加入乌氏黏度计中，用止血钳夹住C管上的乳胶管，用吸耳球由B管口将溶液吸入C球，达到a刻度线以上，放开止血钳，用吸耳球由B管口将液体从毛细管压出，从A管中鼓出气泡，反复吸压溶液三次以上，使之混合均匀。按要求测定稀释液流出时间，取三次平均值记为t_2，此时浓度为起始浓度的2/3。同样操作，再分别加入5mL、10mL、10mL溶剂稀释，分别测定流出时间记为t_3、t_4、t_5，对应的浓度分别是起始浓度的1/2、1/3、1/4。

（7）测溶剂流出时间

测定完上述溶液后，将黏度计中溶液全部倒出，加入溶剂洗涤至少三次，用移液管移入10mL恒温溶剂，按要求测定流出时间，取三次平均值记为t_0。

3. 实验记录

试样质量：_____ g　　　　初始浓度（c_1）：_____ g/100mL

时　间	c_0（溶剂）	c_1	c_2	c_3	c_4	c_5
1						
2						
3						
平均						

任务实施

高分子材料溶解及相对分子质量的测定。

将学生分组，选择聚乙烯醇的溶剂，配制成一定浓度的溶液。每组同学分别按照黏度法操作步骤进行相对分子质量的测定。每组派一名同学为代表陈述测定过程、结果，其他小组同学和老师共同评议鉴别结果。

任务实施注意事项：

① 恒温水浴的温度要恒定；

② 黏度计必须洁净、竖直放置，实验过程中不要振动；

③ 测流出时间时注意不要有气泡；

④ 每次测量前要恒温 10～15min；

⑤ 稀释溶液时必须混合均匀。

综合评价

序号	考核项目	权重/%	评分标准					合计
			优秀 90～100	良好 80～89	中等 70～79	及格 60～69	不及格 <60	
1	学习态度	10						
2	操作方法	40						
3	结果	20						
4	知识理解及应用能力	10						
5	语言表达能力	5						
6	与人合作	5						
7	环保、安全意识	10						

任务4　高分子材料透气性和透水性检测

任务介绍

进行高分子材料透气性、透湿性测定。

【知识目标】

① 了解高分子材料透气性、透水性测定原理；

② 掌握高分子材料透气性、透水性测定方法；

③ 了解高分子材料透气性、透水性影响因素。

【能力目标】

能进行高分子材料透气性、透水性测定。

【素质目标】

① 培养学生遵规守纪、按章操作的工作作风；

② 锻炼学生组织协调能力，培养其团队合作意识；

③ 培养学生具有环保意识、安全意识。

任务分析

高分子材料薄膜、涂层、织物等对气体的渗透性是高聚物重要的物理性能之一，与聚合物的结构、相态及分子运动情况有关。目前已在水果、蔬菜、食品等的保鲜，农作物的保温、催熟，食品、药物的包装、贮存，医用材料、分离膜的制备等方面得到广泛应用。

硫化橡胶透气性的测定对评价内胎、无内胎轮胎的内衬层、胶管、气球或其他充气容器、密封圈及隔膜等橡胶制品是很重要的，这种测定方法对研究与高聚物结构有关的气体溶解度和扩散特性具有重要理论意义。

塑料薄膜和薄片的透气性可以参照 GB/T 1038—2000（塑料薄膜和薄片气体透过性试验方法 压差法）进行测定，橡胶的透气性可以参照 GB/T 7756—1987（硫化橡胶透气性的测定 恒压法）进行测定，高聚物多孔弹性材料的透气性可以参照 GB/T 10655—2003（高聚物多孔弹性材料 空气透气率的测定）进行测定。

塑料薄膜和片材透水性可以参照 GB/T 1037—1988（塑料薄膜和片材透水蒸气性试验方法 杯式法）进行测定。

相关知识

一、塑料透气性及其测定

（一）定义

（1）气体透过量（Q_g）

在恒定温度和单位压力差下，在稳定透过时，单位时间内透过试样单位面积的气体的体积。以标准温度和压力下的体积值表示，单位为 $cm^3/(m^2 \cdot d \cdot Pa)$。

（2）气体透过系数（P_g）

在恒定温度和单位压力差下，在稳定透过时，单位时间内透过试样单位厚度、单位面积的气体的体积。以标准温度和压力下的体积值表示，单位为：$cm^3 \cdot cm/(cm^2 \cdot s \cdot Pa)$。

（二）测试原理

使用塑料薄膜或薄片将低压室和高压室分开，高压室充有约 $10^5 Pa$ 的试验气体，低压室的体积已知。试样密封后用真空泵将低压室内空气抽到接近零值。

用测压计测量低压室内的压力增量 Δp，可确定试验气体由高压室透过膜（片）到低压室的以时间为函数的气体量，但应排除气体透过速度随时间而变化的初始阶段。

气体透过量和气体透过系数可由仪器所带的计算机按规定程序计算后输出到软盘或打印在记录纸上，也可按测定值经计算得到。

$$Q_g = \frac{\Delta p}{\Delta t} \times \frac{V}{S} \times \frac{T_0}{p_0 T} \times \frac{24}{p_1 - p_2} \tag{3-23}$$

式中　Q_g—— 材料的气体透过量，$cm^3/(m^2 \cdot d \cdot Pa)$；

$\Delta p/\Delta t$—— 在稳定透过时，单位时间内低压室气体压力变化的算术平均值，Pa/h；

    V—— 低压室体积，cm^3；

    S—— 试样的试验面积，m^2；

    T—— 试验温度，K；

p_1-p_2—— 试样两侧的压差，Pa；

T_0，P_0—— 标准状态下的温度（273.15K）和压力（1.0133×10^5Pa）。

$$P_g=\frac{\Delta p}{\Delta t}\times\frac{V}{S}\times\frac{T_0}{p_0 T}\times\frac{D}{p_1-p_2}=1.1574\times10^{-9}Q_g\times D \tag{3-24}$$

式中 P_g—— 气体透过系数，$cm^3\cdot cm/(cm^2\cdot s\cdot Pa)$；

  $\Delta p/\Delta t$—— 在稳定透过时，单位时间内低压室气体压力变化的算术平均值，Pa/s；

    T—— 试验温度，K；

    D—— 试样厚度，cm。

（三）仪器及试样

测定仪器为透气仪，包括透气室、测压装置、真空泵三部分，如图3-5所示。要求高、低压室分别有一个测压装置，低压室测压装置的准确度应不低于6Pa；真空泵应能使低压室中的压力不大于10Pa。

试样应没有痕迹或可见缺陷，试样一般为圆形，其直径取决于所使用的仪器，每组试样不少于3个。在23℃±2℃下，在无水氯化钙干燥器中干燥48h以上。

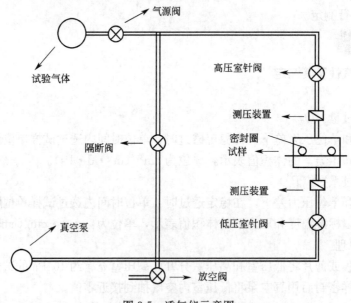

图3-5 透气仪示意图

（四）测定步骤

① 测量试样厚度，至少测量5个点，取算术平均值。

② 在试验台上涂一层真空油脂，若油脂涂在空穴中的圆盘上，应仔细擦净；若滤纸边缘有油脂时，应更换滤纸（化学分析用滤纸，厚度0.2~0.3mm）。

③ 关闭透气室各针阀，开启真空泵。

④ 在试验台中的圆盘上放置滤纸后，放上经状态调节的试样。试样应保持平整，不得有皱褶。轻轻按压使试样与试验台上的真空油脂良好接触。开启低压室针阀，试样在真空下应紧密贴合在滤纸上。在上盖的凹槽内放置 O 形圈，盖好上盖并紧固。

⑤ 打开高压室针阀及隔断阀，开始抽真空直至 27Pa 以下，并继续脱气 3h 以上，以排除试样所吸附的气体和水蒸气。

⑥ 关闭隔断阀，打开试验气瓶和气源开关向高压室充试验气体，高压室的气体压力应在 $(1.0\sim1.1)\times10^5$ Pa 范围内。压力过高时，应开启隔断阀排出。

⑦ 对携带运算器的仪器，应首先打开主机电源开关及计算机电源开关，通过键盘分别输入各试验台样品的名称、厚度、低压室体积参数和试验气体名称等，准备试验。

⑧ 关闭高、低压室排气针阀，开始透气试验。

⑨ 为剔除开始试验时的非线性阶段，应进行 10min 的预透气试验。随后开始正式透气试验，记录低压室的压力变化值 Δp 和试验时间 t。

⑩ 继续试验直到在相同的时间间隔内压差的变化保持恒定，达到稳定透过。至少取 3 个连续时间间隔的压差值，求其算术平均值，以此计算该试样的气体透过量及气体透过系数。

二、硫化橡胶透气性的测定

（一）定义

橡胶的透气率是指在标准温度和标准压力的稳定状态下，气体在橡胶中的透过率。其值等于在单位压差和一定温度下，通过单位立方体硫化橡胶两相对面气流的体积速率。

（二）测试原理

保持在恒温下的透气室，被一个圆形试样分为高压侧和低压侧（大气压）。将高压侧连接在能保持恒压的气体贮存器上。气体向低压侧渗透，由于低压侧容积很小并与一根毛细管相连，因此，当保持低压侧内原有的气压时，就可测量出透过气体的体积。

（三）仪器及试样

实验仪器主要有透气仪（分高压侧和低压侧）、测量装置和恒温装置等组成。温度测量装置指示值精度为 0.2℃。透过气体体积的测量装置主要是由一根均匀的横截面积的毛细管构成。适宜的横截面积为 $0.7\sim2cm^2$，均匀性精度在 1% 以内。毛细管的工作部分刻有刻度或安装标尺，管内充入如癸二酸二辛酯一类不溶解气体的非挥发性液体。恒温装置采用恒温浴，温度保持与试验温度差值在 ±0.5℃ 以内。

试样可用模型硫化，也可以直接从硫化胶片或橡胶制品上切取。如果透气室内有环形槽，模制的试样上下两面边缘应有环形凸棱，以便固定到透气室内相应的环形槽中。切取的平面状试样，可以用规格合适的丁基胶 O 形圈，把试样夹在中间，固定于透气室内以保持其气密性。为了确保气密性，在透气室的夹持面上，允许涂极少量真空油脂，但试样的有效面上不得存有油污。试样应为厚度均匀的圆片状，直径为 $50\sim155mm$，厚度为 $0.25\sim3.00mm$，有效试验面积为 $800\sim7000mm^2$，试样应无气泡、针孔、油污及其他缺陷，每种样品至少用两个试样。

（四）测定步骤

① 用厚度计在试样的有效面上，取 6 个不同点测量其厚度值，精确到 0.02mm。取 6 个测量点的算术平均值，作为试样的厚度值。每点的厚度值不应超过平均厚度值的 10%。

② 试样置于一定试验温度和压力的透气室后，缓慢地向高压侧充入试验气体，气体压

力一般在 0.3～1.5MPa 范围内。若透气室内残留的气体与试验气体不同时，则先以拟用的气体置换透气室，以清除原有的气体。

③ 采用水平安装形式的透气仪时，先校正毛细管的横截面积，然后向毛细管内注入一滴癸二酸二辛酯液体，再将其水平地固定到透气仪上，关闭旁通阀（低压侧与毛细管相通）。当气体由高压侧渗透到低压侧时，推动液体移动，可开始记录时间与弯液面移动的相应距离。

④ 采用垂直安装形式的透气仪时，先向 U 形毛细管内注入适量的癸二酸二辛酯液体，然后摇动把手调节贮液瓶的高度，使液面位于毛细管基准刻度线以上，关闭旁通阀。当弯液面与基准刻度线横切时，开始记录时间与弯液面移动的相应距离。

⑤ 采用任一形式的透气仪进行试验时，当气体渗透达到稳定状态时，大约每隔 2min 记录一次弯液面移动的相应距离，一般记录 5～6 次，试验持续时间为 10～60min。

⑥ 试验结束后，将弯液面移动的距离（或计算出透过气体的体积）与时间在坐标纸上绘出关系曲线。根据图中直线的斜率，计算透气率。

$$Q = \frac{0.0027bA_1 \Delta L p_1}{\Delta t A_2 T (p_2 - p_1)} \tag{3-25}$$

式中　Q——橡胶的透气率，$m^2/(Pa \cdot s)$；

　　　b——试样厚度，m；

　　　A_1——毛细管的横截面积，m^2；

　　　A_2——试样的有效试验面积，m^2；

　　　ΔL——在时间间隔为 Δt s 时，由曲线图的直线部分上获得的弯液面移动的距离，m；

　　　Δt——对于一个给定的弯液面移动的距离的时间间隔，s；

　　　p_1——低压侧的压力（绝对压力），Pa；

　　　p_2——高压侧的压力（绝对压力），Pa；

　　　T——试验温度（绝对温度），K。

三、塑料透水性及其测定

（一）定义

1. 水蒸气透过量（WVT）

在规定的温度、相对湿度，一定的水蒸气压差和一定厚度的条件下，$1m^2$ 的试样在 24h 内透过的水蒸气量，单位为 $g/(m^2 \cdot 24h)$。

2. 水蒸气透过系数（P_v）

在规定的温度、相对湿度环境中，单位时间内，单位水蒸气压差下，透过单位厚度，单位面积试样的水蒸气量，单位为 $g \cdot cm/(cm^2 \cdot s \cdot Pa)$。

（二）测试原理

在规定温度和相对湿度及试样两侧保持一定蒸气压差条件下，测定透过试样的水蒸气量，计算出水蒸气透过量和水蒸气透过系数。

水蒸气透过量

$$WVT = \frac{24 \Delta m}{At} \tag{3-26}$$

式中　WVT——水蒸气透过量，$g/(m^2 \cdot 24h)$；

　　　t——质量增量稳定后的两次间隔时间，h；

Δm——t 时间内的质量增量，g；

A——试样透水蒸气的面积，m^2。

水蒸气透过系数

$$P_v = \frac{\Delta m d}{At \Delta p} = 1.157 \times 10^{-9} \times \frac{WVT d}{\Delta p} \qquad (3\text{-}27)$$

式中 P_v——水蒸气透过系数，$g \cdot cm/(cm^2 \cdot s \cdot Pa)$；

WVT——水蒸气透过量，$g/(m^2 \cdot 24h)$；

d——试样厚度，cm；

Δp——试样两侧的水蒸气压差，Pa。

（三）仪器及试剂

① 恒温恒湿箱：温度精度为±0.6℃，相对湿度精度为±2%，风速为 0.5～2.5m/s。恒温恒湿箱关闭门之后，15min 内应重新达到规定的温、湿度。

② 透湿杯及定位装置：透湿杯由质轻、耐腐蚀、不透水、不透气的材料制成。有效测定面积至少为 $25cm^2$。

③ 分析天平：感量为 0.1mg。

④ 干燥器。

⑤ 量具：测量薄膜厚度精度为 0.001mm；测量片材厚度精度为 0.01mm。

⑥ 密封蜡：密封蜡应在温度 38℃、相对湿度 90%条件下暴露不会软化变形。若暴露表面积为 $50cm^2$，则在 24h 内质量变化不能超过 1mg。

⑦ 干燥剂：无水氯化钙粒度为 0.60～2.36mm。使用前应在 200℃±2℃烘箱中干燥 2h。

（四）试样

试样应平整、均匀，不得有孔洞、针眼、皱褶、划伤等缺陷。每一组至少取三个试样。对两个表面材质不相同的样品，在正反两面各取一组试样。对于低透湿量或精确度要求较高的样品，应取一个或两个试样进行空白试验。试样用标准的圆片冲刀冲切。试样直径应为杯环内径加凹槽宽度。

（五）试验条件

① 条件 A：温度 38℃±0.6℃，相对湿度 90%±2%。

② 条件 B：温度 23℃±0.6℃，相对湿度 90%±2%。

（六）试验步骤

① 将干燥剂装入清洁的杯皿中，使干燥剂距试样表面约 3mm。

② 将盛有干燥剂的玻璃皿放入透湿杯中，将杯子放在杯台上，再将试样放在杯子正中，加上杯环后，用导正环固定好试样的位置，再加上压盖。

③ 小心地取出导正环，将熔融的密封蜡浇灌在透湿杯凹槽中，密封蜡凝固后不允许产生裂纹及气泡。

④ 待密封蜡凝固后，取下压盖和杯台，并清除粘在透湿杯边及底部的密封蜡。

⑤ 称量封好的透湿杯。

⑥ 将透湿杯放入已调好温度、湿度的恒温恒湿箱中，16h 后从箱中取出，放入处于 23℃±2℃环境下的干燥器中，平衡 30min 后进行称量。

⑦ 称量后将透湿杯重新放入恒温恒湿箱中，以后每两次称量的间隔时间为 24h、48h

或 96h。

⑧ 重复步骤⑦，直到前后两次质量增量之差不大于 5％时，结束试验。

任务实施

进行高分子材料透气性、透湿性测定。

将学生分组，进行高分子材料透气性、透湿性测定。每组派一名同学为代表陈述测定过程、结果，其他小组同学和老师共同评议鉴别结果。

综合评价

序号	考核项目	权重/%	评分标准					合计
			优秀 90～100	良好 80～89	中等 70～79	及格 60～69	不及格 ＜60	
1	学习态度	10						
2	操作方法	40						
3	结果	20						
4	知识理解及应用能力	10						
5	语言表达能力	5						
6	与人合作	5						
7	环保、安全意识	10						

学习情境四

高分子材料的力学性能检测

任务1　高分子材料拉伸性能测试

任务介绍

进行塑料或橡胶拉伸性能测试。

【知识目标】

① 掌握常见的高分子材料拉伸性能术语；

② 掌握塑料或橡胶拉伸试样制备方法；

③ 了解拉伸性能测试原理；

④ 掌握拉伸性能测试方法。

【能力目标】

能进行塑料或橡胶的拉伸性能测试。

【素质目标】

① 培养学生遵规守纪、按章操作的工作作风；

② 锻炼学生组织协调能力，培养其团队合作意识；

③ 培养学生具有环保意识、安全意识、节能降耗意识。

任务分析

作为材料使用时，要求高聚物具有必要的力学性能。可以说，对于高分子材料的大部分应用而言，力学性能比其他物理性能显得更为重要。拉伸性能是力学性能中最重要、最基本的性能之一。几乎所有的塑料和橡胶都要进行拉伸性能的测试，拉伸性能的好坏，很大程度上决定了该种塑料和橡胶的使用场合。塑料拉伸试验参照的标准为 GB/T 1040.2—2006（塑料拉伸性能的测定 第2部分：模塑和挤塑塑料的试验条件），橡胶拉伸试验参照的标准为 GB/T 528—2009（硫化橡胶或热塑性橡胶拉伸应力应变性能的测定）。

相关知识

一、材料力学名词术语

1. 外力（负荷）

指对材料所施加的、使材料发生形变的力。

2. 内力

指材料为反抗外力、使材料保持原状所具有的力。

3. 应力（σ）

指材料单位面积所受的力。

4. 形变

指材料在外力作用下，其几何形状和尺寸的变化。

5. 应变（γ 或 ε）

指材料在外力作用下，单位长度（面积、体积）所发生的形变。

6. 强度

在一定条件下，材料所能忍受的最大应力，MPa。

7. 拉伸强度（抗张强度）

在规定的温度、湿度和加载速度下，在试样上沿轴向施加拉力，试样断裂前所承受的最大载荷与试样截面之比称为拉伸强度。

8. 模量（E）

引起单位应变所需要的应力。

9. 柔量（J）

模量的倒数 $1/E$。

10. 硬度

表示材料抵抗其他较硬物体压入的性质。

11. 回弹性

表示材料吸收能量而不发生永久形变的能力。

12. 韧性

表示材料吸收能量并发生较大的永久形变，但不产生断裂的能力。

二、测试原理和试样

（一）测试原理

沿试样纵向主轴恒速拉伸，直到断裂或应力（负荷）或应变（伸长）达到某一预定值，测量在这一过程中试样承受的负荷及其伸长。对于一段均匀的横截面积为 A_0 的试样，拉伸应力可用如下公式计算：

$$\sigma=\frac{F}{A_0} \tag{4-1}$$

式中　σ—— 拉伸应力，MPa；

F—— 所测的对应负荷，N；

A_0—— 试样原始截面积，mm^2。

如果此拉伸应力使材料拉伸至长度 l_1，则拉伸应变 ε 为：

$$\varepsilon=\frac{l_1-l_0}{l_0}\times100\% \tag{4-2}$$

在拉伸试验中，测量拉伸力直至材料断裂为止，材料所承受的最大拉伸应力称为拉伸强度（极限拉伸应力）。

$$\sigma=\frac{F}{A}=\frac{F}{bd} \tag{4-3}$$

式中　A—— 断裂时的横截面积，mm^2；

b—— 试样宽度，mm；

d—— 试样厚度，mm；

F—— 断裂时的最大负荷，N；

σ—— 拉伸强度或拉伸断裂应力，MPa。

由于材料受拉，所以垂直于加力轴线方向的尺寸减小，因而横截面积也减小，然而为了实验方便，大部分拉伸强度是以原始的横截面积（A_0）来计算的，因为这在实验开始之前很容易测量。

如果拉伸试样断裂时的长度为 l_t，则极限伸长率或断裂伸长率为：

$$\varepsilon_t = \frac{l_t - l_0}{l_0} \times 100\% \tag{4-4}$$

（二）试样

1. 塑料试样

塑料拉伸试验共有 4 种类型的试样：Ⅰ型试样（双铲型）；Ⅱ型试样（哑铃型），Ⅲ型试样（8字型）；Ⅳ型试样（长条型）。Ⅲ型试样仅用于测定拉伸强度。每种试样的尺寸及公差具体见图 4-1 和表 4-1～表 4-4 所示。

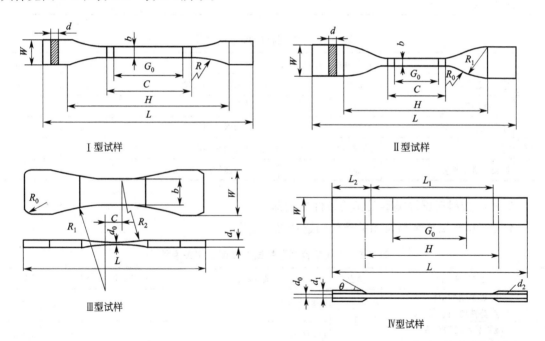

Ⅰ型试样　　　　Ⅱ型试样

Ⅲ型试样　　　　Ⅳ型试样

图 4-1　试样的尺寸及公差

表 4-1　Ⅰ型试样的尺寸及公差

符号	名　　称	尺寸/mm	公差/mm	符号	名　　称	尺寸/mm	公差/mm
L	总长（最小）	150	——	W	端部宽度	20	± 0.2
H	夹具间距离	115	± 5.0	d	厚度	4	——
C	中间平行部分长度	60	± 0.5	b	中间平行部分宽度	10	± 0.2
G_0	标距（或有效部分）	50	± 0.5	R	半径（最小）	60	——

表 4-2　Ⅱ型试样的尺寸及公差

符号	名　称	尺寸/mm	公差/mm	符号	名　称	尺寸/mm	公差/mm
L	总长(最小)	115	—	d	厚度	2	—
H	夹具间距离	80	±5.0	b	中间平行部分宽度	6	±0.4
C	中间平行部分长度	33	±2.0	R_0	小半径	14	±1.0
G_0	标距(或有效部分)	25	±1.0	R_1	大半径	25	±2.0
W	端部宽度	25	±1.0				

表 4-3　Ⅲ型试样的尺寸及公差

符号	名　称	尺寸/mm	公差	符号	名　称	尺寸/mm	公差
L	总长	110		b	中间平行部分宽度	25	
C	中间平行部分长度	9.5		R_0	端部半径	6.5	
d_0	中间平行部分厚度	3.2	±5%	R_1	表面半径	75	±5%
d_1	端部厚度	6.5		R_2	侧面半径	75	
W	端部宽度	45					

表 4-4　Ⅳ型试样的尺寸及公差

符号	名　称	尺寸/mm	公差/mm	符号	名　称	尺寸/mm	公差/mm
L	总长(最小)	250	—	L_1	加强片间长度	150	±5.0
H	夹具间距离	170	±5.0	d_0	厚度	2~3	—
G_0	标距(或有效部分)	100	±0.5	d_1	加强片厚度	3~10	—
W	宽度	25 或 50	±0.5	θ	加强片角度	5°~30°	—
L_2	加强片最小长度	50	—	d_2	加强片	—	—

2. 不同塑料对试样类型及相关条件的选择

不同塑料对试样类型及相关条件的选择见表 4-5。

表 4-5　不同塑料优选的试样类型及相关条件

试样材料	类型	试样制备方法	最佳厚度/mm	试验速度
硬质热塑性塑料 热塑性增强塑料	Ⅰ	注塑、模压	4	B C D E F
硬质热塑性塑料板 热固性塑料板(含层压板)		机械加工	2	A B C D E F G
软质热塑性塑料及板	Ⅱ	注塑、模压板材机械加工和冲切加工	2	F G H I
热固性塑料(含填充、增强塑料)	Ⅲ	注塑、模压		C
热固性塑料板	Ⅳ	机械加工		B C D

注：速度 A，1mm/min±50%；速度 B，2mm/min±20%；速度 A，5mm/min±20%；
速度 D，10mm/min±20%；速度 E，20mm/min±10%；速度 F，50mm/min±10%；
速度 G，100mm/min±10%；速度 H，200mm/min±10%；速度 I，500mm/min±10%。

3. 橡胶试样

橡胶的拉伸试验中，试样有哑铃形和环状试样。一般均采用哑铃形试样。

三、测试仪器

MZ-5000D 电子万能试验机。

（一）主要技术参数：

1. 测力

最大载荷为 50kN；精度为示值的 ±1.0%。

2. 变形（光电编码器）

最大拉伸距离为 900mm；最大试验宽度为 515mm；精度为 ±0.5%。

3. 位移测量

精度为 ±1%。

4. 速度

5～500mm/min（普通丝杠＋变频系统）。

5. 打印功能

打印最大强度、延伸率、屈服点及相应曲线等（按照用户要求可添加打印参数）。

6. 通讯功能

可与上位机 V1.0 测控软件进行通讯，串行口自动搜索功能，并自动处理测试数据。

7. 采集速率

5 次/s。

8. 电源

AC220V±10%，50Hz。

（二）使用环境及工作条件

① 温度：10～35℃ 范围内。

② 湿度：30%～85%。

③ 有独立接地线

④ 在无冲击、无震动的环境中。

⑤ 在无明显电磁场的环境中。

⑥ 试验机周围应留有不小于 $0.7m^3$ 的空间，其工作环境整洁、无灰尘。

⑦ 底座及机架水平度不超过 0.2/1000。

（三）系统组成与工作原理

1. 系统组成

由主机、电器控制系统、微机控制系统三部分组成。

2. 工作原理

（1）机械传动原理

主机由电机及操纵盒、丝杠、减速器、导柱、移动横梁、限位装置等组成。机械传动顺序如下：电机—减速器—同步带轮—丝杠—移动横梁。

（2）测力系统

在主机移动横梁上装有测力传感器，传感器下端与上夹持器连接，试验过程中试样受力情况通过力传感器变为电信号输入到采集控制系统（采集板），再由 V1.0 测控软件进行数据的保存、处理打印等。

（3）大变形测量装置

此装置用于测量试样变形，是由两个阻力极小的跟踪夹夹持在试样上，随着试样受到拉力而变形,两跟踪夹之间的距离也相应增大,跟踪夹通过线绳和滑轮将直线运动变为旋转运动,并通过跟踪编码器将采集到的电信号输入进采集控制系统。

(4)限位保护装置

限位保护装置是本机的重要组成部分。主机上固定有限位杆,限位杆上配有两个上下可调节的挡圈,试验过程中当挡块和挡圈碰触时将带动限位杆移动,使限位装置切断该方向通路,主机运行停止。通过调节限位杆上挡圈的位置可以限定移动横梁行程,为做试验提供了较大的方便和安全可靠的保护。

四、测试步骤及影响因素

(一)测试步骤

1. 启动前检查

打开主机电源之前须检查各插接线是否正确无误,检查操作盒与电源之间接线是否正确无误,检查测力传感器接线是否正确无误,检查主机与电脑接线是否正确无误,检查上、下限位是否在安全的位置。

2. 启动试验机

检查无误后给仪器送电,旋转弹出试验机主机电源(即"紧停"按钮),电源指示灯亮,主机系统开机后必须预热20min,方可正常工作。

打开电脑,双击桌面测试系统软件图标,启动软件。选择拉伸试验项目,检查软件与仪器主机是否连接成功,显示连接成功可以进行下一步试验,如果没有成功连接,关闭试验机主机电源,关闭电脑,检查信号线是否连接正确,确定无误后再次启动主机和电脑。

仪器预热20min后,按动操作盒的上、下、停止操作键,查看主机是否运行正常,如遇紧急情况,应按下操作盒上的停止按钮或主机上的红色"紧停"按钮。

3. 试样准备及测量

选择一块干净试片,按照国标要求选择1型标准裁刀,在冲片机上冲制三块标准试样,按顺序给试样标记1、2、3序号。使用游标卡尺测量试样有关尺寸,与国标进行比较,不符合要求的废弃重做,并做好记录,不同位置测量三次,取三次平均值,每次测量值不大于平均值的2%试样方可使用。

在试样的狭窄部分,与试样中心等距、与其纵轴垂直标记,标记试样长度为25mm,用游标卡尺准确测量试样标距,上、下波动不能超过0.5mm。

4. 拉伸试验

将试样夹在仪器夹具上,根据试样长短,按动操纵盒上的相应按键移动横梁,到位后按"停止"按钮。将试样对称地加持在夹具上,试样的轴线要与夹具的轴线一致,使拉力均匀地分布在横截面上,根据需要可以按动微升、微降、慢升、慢降按钮调整。将跟踪夹夹在试样的上、下标线上。

点击测试软件"开始"按钮,设置实验参数,填写实验员号、试样名称、负荷、实验温度等;选择夹具移动速度为每分钟500mm,输入试样宽度、厚度数值,按"确定"按钮保存设置结果。点击"清零"按钮,使负荷、变形、位移、时间值复位为"0"。设置夹具移动速度为每分钟500mm。点击"运行"按钮,开始试验。

试样断裂后自动停止或手动停止,重复以上拉伸试验测试步骤,直至一组试样测完。

5. 数据处理

点击"数据处理"按钮,检查试验基本参数,确认无误后点击"确认"按钮,分析数据，查看相应测试曲线。点击"计算参数"按钮，对试验结果进行计算，可以查看试验结果及平均值，进行记录。点击"打印报告"按钮，打印试验结果报告。

6. 关闭试验机

退出试验操作软件，关闭电脑，关闭主机电源，按下"紧停"按钮。

（二）影响因素

应力-应变曲线是高分子材料力学性能的重要标志，试验是在标准化状态下测定塑料和橡胶的拉伸性能。标准化状态包括：试样制备、状态调节、试验环境和实验条件等。

1. 成型条件

制品的成型条件就是制作制品的过程所受的热、分子取向作用等，影响其力学性能。

2. 温度与湿度

热固性树脂不会因温度不同而得到不同曲线。热塑性树脂，伴随着温度上升，曲线从硬脆性向黏弹性转移。一般来说，橡胶的拉伸强度和拉伸应力是随温度的升高而逐渐下降，扯断伸长率则有所增加，对于结晶速度不同的胶种更明显。

3. 变形速度

变形速度改变，塑料和橡胶的力学行为也就改变，由于改变拉伸速度而改变了它的性能。一般情况下拉伸速度快，拉伸强度增大，伸长率减小。

4. 其他

试样厚度增加拉伸强度降低；试样需经过一定停放时间消除内应力，才能进行测试。

任务实施

高分子材料拉伸性能测定。

将学生分组，使用 MZ-5000D 电子万能试验机，分别参照国标 GB/T 1040.2—2006 中有关规定，进行塑料拉伸性能测定，参照国标 GB/T 528—2009 进行橡胶拉伸试性能测定。

每组派一名同学为代表陈述测定过程、结果，其他小组同学和老师共同评议鉴别结果。

任务实施注意事项：

① 打开主机电源之前，检查上、下限位是否在安全位置。

② 主机系统开机后必须预热 20min，方可正常工作。

③ 如遇紧急情况，按下停止按钮或"紧停"按钮。

④ 不同位置测量试样尺寸三次，取平均值。

⑤ 夹持试样，试样的轴线要与夹具的轴线一致。

高分子材料拉伸性能测试报告

试验人：_____　班级：_____　学号：_____　日期：_____

一、试验材料：_____

二、试验条件

室温：_____　　　　拉伸速度：_____

三、试样尺寸

尺寸 序号	厚度 2.0mm±0.2mm		狭窄部分宽 $6.0_0^{0.4}$mm	
1		平均		平均

续表

尺寸 序号	厚度 2.0mm±0.2mm		狭窄部分宽 $6.0_0^{0.4}$mm	
2		平均		平均
3		平均		平均

四、试验数据记录

序号	试样尺寸/mm		标距 /mm	最大拉力 /N	断裂长度 /mm	拉伸强度 /MPa	拉断伸长率 /%
	厚度	宽度					
平均值							

【综合评价】

序号	考核项目	评分标准						
		权重 /%	优秀 (90~100)	良好 (80~89)	中等 (70~79)	及格 (60~69)	不及格 (<60)	合计
1	学习态度	10						
2	鉴别结果	60						
3	知识理解及应用能力	10						
4	语言表达能力	5						
5	与人合作	5						
6	环保、安全意识	10						

任务 2 高分子材料弯曲性能测试

任务介绍

进行高分子材料弯曲性能测试。

【知识目标】

① 掌握常见的高分子材料弯曲性能术语；

② 掌握塑料或橡胶弯曲试样制备方法；

③ 了解弯曲性能测试原理；

④ 掌握弯曲性能测试方法。

【能力目标】

能进行 NR 弯曲性能测试。

【素质目标】

① 培养学生遵规守纪、按章操作的工作作风；

② 锻炼学生组织协调能力，培养其团队合作意识；

③ 培养学生具有环保意识、安全意识、节能降耗意识。

 **任务分析**

弯曲试验主要是用来检验材料在经受弯曲负荷作用时的性能，生产上常用弯曲试验来评定材料的弯曲强度和塑性变形的大小。塑料弯曲性能试验参照的标准为 GB/T 9341—2000（塑料弯曲性能试验方法），橡胶的弯曲性能试验参照的标准为 GB/T 1696—2001（硬质橡胶弯曲强度的测定）。

 相关知识

一、概念及原理

（一）定义

1. 弯曲应力（σ_f）

试样跨度中心外表面的正应力，单位 MPa。

2. 弯曲强度（σ_{fM}）

试样在弯曲过程中承受的最大弯曲应力，单位 MPa。

3. 挠度（s）

弯曲试验过程中，试样跨度中心的顶面或底面偏离原始位置的距离，单位 mm。

4. 弯曲应变（ε_f）

试样跨度中心外表面上单元长度的微量变化，用无量纲的比或百分数（%）表示。

5. 弯曲弹性模量（E_f）

比例极限内应力差与应变差的比值，单位 MPa。

（二）测试原理

把试样支撑成横梁，使其在跨度中心以恒定速度弯曲，直到试样断裂或变形达到预定值，测量该过程中对试样施加的压力。

弯曲试验有两种加载方法，一种为三点式加载法，另一种为四点式加载法。三点式加载方法在试验时将规定形状和尺寸的试样至于两支座上，并在两支座的中点施加一集中负荷，使试样产生弯曲应力和变形。四点式加载法使弯矩均匀地分布在试样上，试验时试样会在该长度上的任何薄弱处破坏，试样的中间部分为纯弯曲，且没有剪力的影响，一般采用三点加载简支梁，其弯曲应力、弹性模量和挠度的计算式如下。

弯曲应力为

$$\sigma_f = \frac{3FL}{2bh^2} \tag{4-5}$$

式中　F—— 施加的力，N；

L—— 试样的跨度，mm；

b—— 试样宽度，mm；

h—— 试样厚度，mm。

弹性模量为

$$E_f = \frac{L^3 \Delta F}{4bd^3 \Delta D} = \frac{L^3 K}{4bd^3} \qquad (4\text{-}6)$$

式中　E_f—— 弯曲弹性模量，MPa；

ΔF—— 载荷-挠度曲线上初始直线部分的负荷增量，N；

ΔD—— 载荷-挠度曲线上与 ΔF 对应的挠度增量，mm；

K—— 载荷-挠度曲线上直线段的斜率，N/mm。

挠度

$$D = \frac{\gamma L^3}{6d} \qquad (4\text{-}7)$$

式中　γ—— 最大应变值，1/mm；

其余符号同前。

二、试样与试验条件

试样尺寸应符合相关的材料标准，推荐试样尺寸是（单位为 mm）：长度 $l = 80 \pm 2$；宽度 $b = 10.0 \pm 0.2$；厚度 $h = 4.0 \pm 0.2$。对于任一试样，其中部 1/3 的长度内各处厚度与厚度平均值的偏差不应大于 2％，相应的宽度偏差不应大于 3％，试样截面应是矩形且无倒角。

试样不可扭曲，表面应相互垂直或平行，表面和棱角上应无刮痕、麻点、凹陷和飞边。对照直尺、矩尺和平板，目视检查试样是否符合上述要求，并用游标卡尺测量。

试验前，应剔除测量或观察到的有一项或多项不符合上述要求的试样，或将其加工到合适的尺寸和形状。

在每一试验方向上至少应测试五个试样，试样在跨度中部 1/3 外断裂的试验结果应予作废，并应重新取样进行试验。

1. 加载速度

仲裁试验时（跨厚比 $1/h = 16 \pm 1$ 时），速度为 $v = h/2$(mm/min)，常规试验时 $v = 10$(mm/min)，测定弯曲弹性模量及弯曲载荷-挠度曲线时 $v = 2$(mm/min)。

2. 规定跨度

取试样厚度的 1.5 倍。

3. 跨厚比

一般取 16 ± 1，对于很厚的试样，可取大于 16，如 32 或 40，对于很薄的试样，在允许范围内，可取小于 16。

三、弯曲试验装置

试验装置由两个支座和一个压头构成。

四、试验步骤

① 测量试样中部受力部分的宽度 b，精确到 0.1mm；厚度 h，精确到 0.01mm。分别测量三点，取平均值，剔除厚度超过平均厚度允差 ± 0.5％的试样。调节跨度 L，使其符合 $L = (16 \pm 1)\bar{h}$。并测量调节好的跨度，精确到 0.5％。

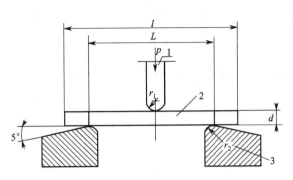

图 4-2 弯曲装置示意图

1—加荷压头；2—试样；3—试样支柱；

r_1—加荷压头半径；r_2—支柱圆弧半径；l—试样长度；p—弯曲负荷；L—跨度；d—试样厚度

② 按受试材料标准规定设置试验速度，若采用上述推荐试样，试验速度为 2mm/min。

③ 如图 4-2 所示，将弯曲试验的试验装置安装在试验机上，调整试验机指针的零点，试验前压头刃口应高出两支点平面 15～20mm；将试样宽面放在两支座上，使两端伸出部分的长度大约相等；开动试验机，调节试验机的速度，使试样在（30±15）s 发生破坏或达到最大值；使用力值在满量程 15％～85％ 的范围内；当压头与试样接触的瞬间，开始计时；试验结束记录试验机指示的力值；观察试样断面，确定试样内部是否有气孔、杂质等内部缺陷，如有缺陷，试样作废，重新补做。

④ 应用自动记录装置记录，自动得到完整的应力-应变曲线。或者根据式（4-5）、式（4-6）、式（4-7）进行计算。

五、影响因素

1. 跨度比

选择跨度比时必须综合考虑剪力、支座水平推力以及压头压痕等综合影响因素。

2. 应变速率

试验速度一般都比较低，因为只有在较慢的速度下，才能使试样在外力作用下近似地反映其试样材料自身存在的不均匀或其他缺陷的客观真实性。

3. 加载压头圆弧半径和支座圆弧半径

标准试验中加载压头圆弧半径为 5mm±0.1mm。而支座圆弧半径的大小，是保证支座与试样接触为一条线，若表面接触过宽，则不能保证试样跨度的准确。

4. 温度

弯曲强度随着试验温度的增加而下降。

5. 操作影响

试样尺寸的测量、试样跨度的调整。压头与试样的线接触和垂直状况以及挠度值零点的调整等，都会对测试结果造成误差。

任务实施

高分子材料弯曲性能测定。

将学生分组，使用 MZ-5000D 电子万能试验机，分别参照国标 GB/T 9341—2000 有关规定，进行塑料弯曲性能测定，参照国标 GB/T 1696—2001 进行橡胶弯曲试性能测定。每组派一名同学为代表陈述测定过程、结果，其他小组同学和老师共同评议鉴别结果。

 综合评价

序号	考核项目	权重/%	评分标准					合计
			优秀 90~100	良好 80~89	中等 70~79	及格 60~69	不及格 <60	
1	学习态度	10						
2	操作方法	40						
3	结果	20						
4	知识理解及应用能力	10						
5	语言表达能力	5						
6	与人合作	5						
7	环保、安全意识	10						

任务 3　高分子材料压缩性能测试

任务介绍

进行高分子材料压缩性能测试。

【知识目标】

① 掌握常见的高分子材料压缩性能术语；

② 掌握压缩试样制备方法；

③ 了解压缩性能测试原理；

④ 掌握压缩性能测试方法。

【能力目标】

能进行 NR 压缩性能测试。

【素质目标】

① 培养学生遵规守纪、按章操作的工作作风；

② 锻炼学生组织协调能力，培养其团队合作意识；

③ 培养学生具有环保意识、安全意识、节能降耗意识。

任务分析

压缩试验是测定材料在轴向静压力作用下的力学性能的试验，是材料力学性能试验的基本方法之一。把试样置于试验机的两压板之间，并在沿试样两个端表面的主轴方向，以恒定速度施加一个可以测量的、大小相等、方向相反的力，使试样沿轴向方向缩短，而径向方向增大，产生压缩变形，直至试样破裂或形变达到预先规定的数值为止。

塑料压缩性能的实验方法参照 GB/T 1041—1992（塑料压缩性能试验方法）；橡胶压缩性能的试验方法参照 GB/T 7757—2009（硫化橡胶或热塑性橡胶压缩应力应变性能的测定）。

本次任务使用万能试验机进行高分子材料压缩性能测试，熟悉试样制备要求及试验操作步骤。

 **相关知识**

一、概念

1. 压缩应力（σ）

在压缩试验过程中的任一时刻，试样单位原始横截面积所承受的压缩负荷，单位为 MPa。

2. 压缩变形（Δh）

指试样在压缩负荷作用下高度的改变量，单位为 mm。

3. 压缩应变（ε）

试样的压缩变形与试样原始高度的比值。

4. 压缩强度（σ_e）

指在压缩试验中，试样所承受的最大压缩应力，单位为 MPa。它可能是也可能不是试样破裂的瞬间所承受的压缩应力。

5. 压缩模量（E_e）

指在应力-应变曲线的线性范围内，压缩应力与压缩应变的比值，单位为 MPa。由于直线与横坐标的交点一般不通过原点，因此可用直线上两点的应力差与对应的应变差之比来表示。

6. 细长比（λ）

横截面积均匀的实心圆柱体的高度与最小回转半径之比。

二、测试原理

压缩性能试验是把试样置于试验机的两压板之间，并在沿试样两个端表面的主轴方向，以恒定速度施加一个可以测量的大小相等而方向相反的力，使试样沿轴向方向缩短，而径向方向增大，产生压缩变形，直至试样破裂或形变达到预先规定的数值为止。施加的压缩负荷由试验机上直接读取。其压缩应力为：

$$\sigma = \frac{p}{F} \tag{4-8}$$

式中　σ——压缩应力，MPa；

　　p——压缩负荷，N；

　　F——试样原始横截面积，mm^2。

压缩应变和压缩屈服应力时的压缩应变可用下式计算：

$$\varepsilon = \frac{\Delta h}{h_0} \tag{4-9}$$

式中　ε——应变值；

　　Δh——试样的高度变化，mm；

　　h_0——试样的原始高度，mm。

压缩模量可按下式计算：

$$E_e = \frac{\Delta \sigma}{\Delta \varepsilon} \tag{4-10}$$

式中　E_e——压缩模量，MPa；

$\Delta\sigma$—— 应力-应变曲线上初始直线部分任意两点的应力差，MPa；

$\Delta\varepsilon$—— 与应力差对应的应变差。

三、测试仪器

图 4-3 为压缩实验装置的示意图，主要由压缩夹具（图 4-4）、负荷指示器、变形指示器、测微计等组成。压缩夹具由压缩板、限制器、紧固件等组成。压缩板由上下两块平行的钢板组成；限制器根据试样的型号、高度和压缩率的要求，选用不同的高度；试验机的加载压头应平整光滑，并具有可调整上下平板平行度的球形支座。负荷指示器是指示试样所承受的压缩负荷的机构，在规定的试验速度内没有惯性滞后，指示负荷的精度为指示值的 ±1% 或更高。变形指示器是测定在试验过程中任何时刻两个压板与试样接触面之间或试样两固定点间距离的装置，在规定的负荷速度下也不应有滞后，其精确度为指示值的 ±1% 或更高。测微计用于测量试样的尺寸，要求精度为 0.01mm。

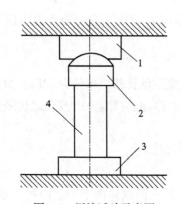

图 4-3　压缩试验示意图

1—上压板；2—球座；3—下压板；4—试样

压缩夹具

图 4-4　压缩夹具图

四、试样

1. 塑料试样

塑料试样通常用注射、模压成型制作或机械加工制备。试样应为正方形、矩形、圆形或圆管形截面柱体，试样两端面应与加荷方向垂直，其平行度应小于试样高度的 0.1%；试样的高度变化范围为 10～40mm，推荐试样高度为 30mm；试样的细长比为 10，但当试验过程中试样出现扭曲现象时，细长比应降低为 6；推荐管形试样壁厚为 2mm，管内径为 8mm。塑料试样形状见表 4-6。

2. 橡胶试样

橡胶试样有模型硫化的试样或按规定从制品上制取。其试样的形状为圆柱形，也有横截面为矩形的试样。用模型硫化的试样规格有两种：A 型和 B 型，具体尺寸如表 4-7、表 4-8 所示。

五、测试步骤

① 测量试样尺寸，沿试样高度方向测量三处横截面尺寸计算平均值，精确到 0.01mm。

② 将试样放在试验机的两压板的表面之间，使试样的中心线与两压板表面中心线重合，确保试样端面与压板表面相平行。调整试验机，使压板表面与试样的端面相接触，并把此时作为测定压缩变形的零点。

表 4-6　塑料试样形状

项目	正方棱柱体	矩形棱柱体	直圆柱体	直圆管试样
试样				
横截面积 S	a^2	ab	$\frac{1}{4}\pi d^2$	$\frac{\pi}{4}(D^2-d_1^2)$
高度 h	$\frac{a}{3.46}\lambda$	$\frac{b}{3.46}\lambda$	$\frac{d}{4}\lambda$	$\frac{\lambda}{4}\sqrt{D^2+d_1^2}$
长细比 λ	$\frac{3.46h}{a}$	$\frac{3.46h}{b}$	$\frac{4h}{d}$	$\frac{4h}{\sqrt{D^2+d_1^2}}$

表 4-7　恒定形变压缩永久变形试验（圆柱形）

型　号	高度/mm	圆面直径/mm
A	12.5±0.5	29±0.5
B	6.3±0.3	13±0.5

表 4-8　静压缩试验（圆柱形）

型　号	高度/mm	圆面直径/mm
A	12.5±0.5	29±0.5
B	32±1.0	38±1.0

③ 根据材料的规定调整好试验速度，测定压缩强度时为 1.5～6mm/min，测定压缩弹性模量时为 2mm/min，硫化橡胶的压缩试验速度为 10mm/min。

④ 开动试验机，记录压缩变形和试样破坏的瞬间所承受的负荷、屈服负荷或偏置屈服负荷和达到应变值为 25％时的负荷等，求其压缩强度等量。

⑤ 测定压缩弹性模量时，在试样高度中间位置安放测量变形仪表，施加约 5％破坏载荷的初载，检查并调整试样及变形测量系统，使其处于正常工作状态以及使试样两侧压缩变形比较一致；然后以一定的间隔加载荷，记录相应变形值，至少分五级加载，施加载荷不宜超过破坏载荷的 50％，至少重复三次，取其稳定的变形增量，并以负荷为纵坐标，形变为横坐标绘出负荷-形变曲线，求其压缩模量。

六、影响因素

1. 试样尺寸

无论是热塑性塑料还是热固性塑料，均随试样高度的增加，其总形变值增加而压缩强度和相对应变值减小。这是由于试样受压时，其上下端面与压机压板之间产生较大的摩擦力，从而阻碍试样上下两端面间的横向变形。为此标准试验中规定了细长比来减少这种影响。

2. 温度和时间

温度是影响压缩变形的重要因素。在高温和氧的作用下，橡胶材料将发生化学松弛，因此产生的形变不易恢复。温度越高，压缩永久变形越大。橡胶材料在一定温度、压缩状态下放置的时间不同，其压缩永久变形也不相同，放置时间越长，压缩永久变形值越大。

3. 摩擦力

为了能反映出摩擦力对压缩强度的影响，在试样的端面上涂上润滑剂，并与不涂润滑剂的试样作比较，可以看出：涂润滑剂的试样由于减少了试样端面与压机压板间的摩擦力，压缩强度有所下降。涂润滑剂的试样在接近破坏负荷时才出现裂纹，而未涂润滑剂的试样在距破坏负荷较远时就已出现裂纹。

4. 试验速度

随着试验速度的增加，压缩强度与压缩应变值均有所增加。其中试验速度在 1～5mm/min 之间时变化较小；速度在 10mm/min 变化较大。因此同一试样必须在同一试验速度下进行，否则会得到不同的结果。大多数国家都规定选用较低的试验速度，这是因为高分子材料属黏弹性材料，只有在较低的试验速度下均匀加载，才能更有利于反映材料的真实性能，有利于提高变形测量的准确性。

5. 试样平行度

当试样两端面不平行时，试验过程中将不能使试样沿轴线均匀受压，形成局部应力过大而使试样过早产生裂纹和破坏，压缩强度必将降低。

🔧 任务实施

高分子材料压缩性能测定。

将学生分组，使用 MZ-5000D 电子万能试验机，进行 NR 压缩试性能测定。每组派一名同学为代表陈述测定过程、结果，其他小组同学和老师共同评议鉴别结果。

📋 综合评价

序号	考核项目	权重/%	评分标准					合计
			优秀 90～100	良好 80～89	中等 70～79	及格 60～69	不及格 <60	
1	学习态度	10						
2	操作方法	40						
3	结果	20						
4	知识理解及应用能力	10						
5	语言表达能力	5						
6	与人合作	5						
7	环保、安全意识	10						

任务4　高分子材料冲击性能测试

任务介绍

进行高分子材料冲击性能测试。

【知识目标】

① 了解冲击性能测试原理；

② 掌握冲击试样制备方法；

③ 掌握冲击性能测试方法。

【能力目标】

能进行 PS 冲击性能测试。

【素质目标】

① 培养学生遵规守纪、按章操作的工作作风；

② 锻炼学生组织协调能力，培养其团队合作意识；

③ 培养学生具有环保意识、安全意识、节能降耗意识。

任务分析

冲击性能试验是用来衡量高分子材料在经受高速冲击状态下的韧性或对断裂的抵抗能力的一种方法，因此，冲击强度也称冲击韧性。一般的冲击试验可分为以下三种：摆锤式冲击试验（包括简支梁冲击和悬臂梁冲击）、落球式冲击试验、高速拉伸冲击试验。按试验温度可分为常温冲击、低温冲击和高温冲击三种；按受力状态可分为弯曲冲击、拉伸冲击、扭转冲击和剪切冲击；按采用的能量和冲击次数可分为大能量的一次冲击和小能量的多次冲击。不同材料或不同用途可选择不同的冲击试验方法。塑料冲击性能测试参照标准为 GB/T 1043—1993（硬质塑料简支梁冲击试验方法）、GB/T 1843—2008（塑料 悬臂梁冲击强度的测定）和 GB/T 14153—1993（硬质塑料落锤冲击试验方法通则）；橡胶冲击性能测试参照标准为 GB/T 1697—2001（硬质橡胶冲击强度的测定）。

相关知识

一、摆锤式冲击试验

（一）测试原理

它包括简支梁冲击和悬臂梁冲击。这两种方法都是将试样放在冲击机上规定位置，使试样受到冲击而断裂，试样断裂时单位面积或单位宽度所消耗的冲击功即为冲击强度。简支梁冲击试验是摆锤打击简支梁试样的中央，悬臂梁则是用摆锤打击有缺口的悬臂梁的自由端。摆锤式冲击试验试样破坏所需的能量实际上无法测定，试验所测得的除了产生裂缝所需的能量及使裂缝扩展到整个试样所需的能量以外，还要加上使材料发生永久变形的能量和把断裂的试样碎片抛出去的能量。

（二）基本概念

1. 无缺口试样冲击强度

无缺口试样在冲击负荷作用下，试样破坏时吸收的冲击能量与试样原始横截面积之比。

单位为 kJ/m^2。

2. 缺口试样冲击强度

缺口试样在冲击负荷作用下，试样破坏时吸收的冲击能量与试样原始横截面积之比。单位为 kJ/m^2。

3. 相对冲击强度

缺口试样的冲击强度与无缺口试样的冲击强度之比，或同类型试样 A 型缺口冲击强度与 B 型缺口冲击强度之比。

4. 完全破坏

指经过一次冲击使试样分成两段或几段。

5. 简支梁冲击试验中的部分破坏

指一种不完全破坏，即无缺口试样或缺口试样的横断面至少断开 90% 的破坏。

6. 无破坏

指一种不完全破坏，即无缺口试样或缺口试样的横断面断开部分小于 90% 的破坏。

悬臂梁冲击试验中的：

7. 铰链破坏

试样没有刚性的很薄表皮连在一起的一种不完全破坏。

8. 部分破坏

指除铰链破坏以外的不完全破坏。

9. 不破坏

指试样未破坏，只产生弯曲变形并有应力发白现象产生。

（三）结果表示

① 塑料无缺口试样简支梁冲击强度按下式计算：

$$\alpha = \frac{A}{bd} \times 10^3 \tag{4-11}$$

式中　A—— 试样吸收的冲击能量，J；

　　　b—— 试样宽度，mm；

　　　d—— 试样厚度，mm。

② 塑料缺口试样简支梁冲击强度按下式计算：

$$\alpha_K = \frac{A_K}{bd_K} \times 10^3 \tag{4-12}$$

式中　A_K—— 缺口试样吸收的冲击能量，J；

　　　b—— 试样宽度，mm；

　　　d_K—— 缺口试样缺口处剩余厚度，mm。

③ 塑料无缺口试样悬臂梁冲击强度按下式计算：

$$\alpha_{iU} = \frac{E_c}{hb} \times 10^3 \tag{4-13}$$

式中　E_c—— 已修正的试样断裂吸收能量，J；

　　　h—— 试样厚度，mm；

　　　b—— 试样宽度，mm。

④ 塑料缺口试样悬臂梁冲击强度按下式计算：

$$\alpha_{iN}=\frac{E_c}{hb_N}\times10^3 \tag{4-14}$$

式中　E_c——已修正的试样断裂吸收能量，J；

　　　h——试样厚度，mm；

　　　b_N——试样剩余宽度，mm。

⑤ 橡胶的冲击强度计算式如下：

$$\gamma=\frac{A}{bdL} \tag{4-15}$$

式中　γ——试样冲击强度，J/m^3；

　　　A——试样破坏消耗的能量，J；

　　　b——试样的宽度，m；

　　　d——试样的厚度，m；

　　　L——支点间的距离，m。

（四）试验设备

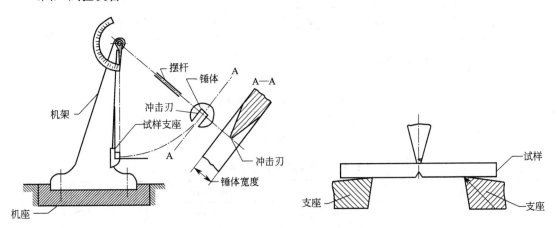

图 4-5　简支梁冲击试验示意图

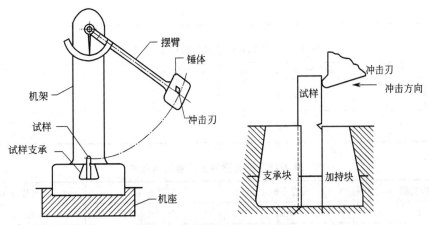

图 4-6　悬臂梁冲击试验示意图

摆锤式冲击试验机的工作原理如图 4-5、图 4-6 所示，基本构造主要有三部分，即机架部分、摆锤部分和指示系统部分。试验时把摆锤抬高，置挂于机架的扬臂上，摆锤杆的中心线与通过摆锤杆轴中心的铅垂线成一角度为 α 的扬角，此时摆锤具有一定的位能，然后让摆锤自由落下，在它摆到最低点的瞬间其位能转变为动能；随着试样断裂成两部分，消耗了摆锤的冲击能并使其大大减速；摆锤的剩余能量使摆锤又升到某一高度，升角为 β。如以 W 表示摆锤的重量，l 为摆锤杆的长度，则摆所做的功为：

$$A = Wl(\cos\beta - \cos\alpha) \tag{4-16}$$

在摆锤的摆动过程中，若无能量消耗，则 $\alpha = \beta$。材料的韧性不同，β 角的大小也不同，因此，根据摆锤冲断试样后升角 β 的大小，由读数盘可直接读出冲断试样时消耗功的数值。

（五）试样

① 塑料简支梁和悬臂梁冲击试验的试样为矩形截面的长条形，分无缺口试样和缺口试样，有 3 种不同的缺口类型（图 4-7）和 4 种不同的尺寸类型，具体见表 4-9、表 4-10。试样用模具直接经压缩或注塑成型；也可用压缩或注塑成型的板材加工制得。除受试材料标准另有规定，一组试样应为 10 个。

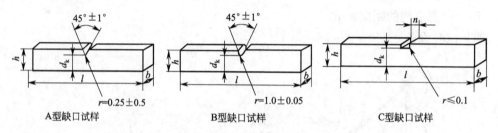

图 4-7　A、B、C 型缺口试样

l—试样长度；h—试样厚度；r—缺口底部半径；b—试样宽度；

d_k—试样缺口剩余厚度；n—缺口宽度

表 4-9　简支梁冲击试验试样尺寸

试样类型	长度 l/mm	宽度 b/mm	厚度 h/mm
1	80±2	10±0.5	4±0.2
2	50±1	6±0.2	4±0.2
3	120±2	15±0.5	10±0.5
4	125±2	13±0.5	13±0.5

表 4-10　简支梁冲击试样缺口类型与尺寸

试样类型	缺口类型	缺口剩余厚度 d_k/mm	缺口底部圆弧半径 r/mm	缺口宽度 n/mm
1~4	A	0.8d	0.25±0.05	—
	B		1.0±0.05	
1,2,3	C	2/3d	≤0.1	2±0.2
	C			0.8±0.1

表 4-11　悬臂梁冲击试验试样尺寸

试样类型	长度 l/mm	宽度 b/mm	厚度 h/mm
1	80±2	10.0±0.2	4.0±0.2
2			12.7±0.2
3	6.35±2	12.7±0.2	6.4±0.2
4			3.2±0.2

表 4-12　悬臂梁冲击试样缺口类型与尺寸

试样类型	缺口类型	缺口底部半径 r/mm	缺口剩余厚度 d_k/mm
1	无缺口	—	—
	A	0.25 ± 0.05	8.0 ± 0.2
	B	1.00 ± 0.05	

② 橡胶摆锤冲击试验试样为长方体，长为 120mm，宽为 15.0mm±0.2mm，厚为 10.0mm±0.2mm，同一试样宽度变化不应大于 0.1mm，厚度变化不应大于 0.05mm。此外，试样必须平滑光洁，不应有裂纹或其他缺陷。一般一组试样应为 5 个。不同试样的尺寸见表 4-11、表 4-12。

（六）试验步骤

① 测量每个试样中部的厚度 h 和宽度 b 或缺口试样的剩余厚度 d_k，精确到 0.02mm，测量时应在缺口两端各测一次，取其算术平均值。

② 使试验机的摆锤扬起，同时空击试验，放下摆锤冲击三次，观察指针是否指示为零。

③ 调整零点后扬起摆锤，将试样紧密地横放在试验机的支点上，并释放摆锤，使其冲击试样的宽面；为了保证试样可以在摆锤最小位能时被折断，试样中心对摆锤锤头的安装误差不应大于 0.5mm；冲击时摆锤的锤头应与试样的整个宽度相接触，接触线应与试样纵轴垂直，误差不大于 1.8°。

④ 摆锤冲击后回摆时，使摆锤停止摆动，并立即记下刻度盘上的指示值。如果选用数显式试验设备，可以直接读出结果。

⑤ 试样被击断后，观察其断面，如因有缺陷而被击穿的试样应作废；每个试样只能受一次冲击，如试样未断时，可更换试样再用较大能量的摆锤重新进行试验。

⑥ 试验机须有各种不同冲击能量的摆锤，用以试验各种不同材质的试样；在选择摆锤时，其冲击能使试样破坏时，能量消耗应在 10%～80%，在几种摆锤进行选择时，应选择能量大的，不同冲击能量的摆锤，测得结果不能比较。

二、落锤式冲击试验

（一）测试原理

落锤式冲击试验是把球、标准的重锤或投掷枪由已知高度自由落下对试样进行冲击，测定使试样刚刚够破裂所需能量的一种方法。可参照 GB/T 14153—1993（硬质塑料落锤冲击试验方法通则）进行测量，该标准适用于硬质塑料管材、管件、异型材、板材及硬质塑料零部件。

落锤式冲击性能测试有两种方法：通过法、梯度法。通过法是采用一定质量的落锤在规定高度下冲击试样，一般用于产品的质量控制。按产品标准中规定的冲击高度及落锤质量对 10 个试样依次进行冲击，根据产品标准规定判断是否合格，若无规定，10 个试样中有 6 个以上不破坏为合格。

梯度法是采用变换冲击高度或落锤质量冲击试样的方法而获得冲击破坏能。

（二）试样

1. 管材

管材公称外径小于或等于 75mm 时，从五根管上沿长度方向分别截取 150mm 长的试样。公称外径大于 75mm 时，从五根管材上沿长度方向分别截取 200mm 长的试样。

2. 板材

从五块板材上距边缘不小于 100mm 处分别截取 200mm×200mm 的正方形试样。厚度为板材原厚。

3. 异型材

从五根异型材上沿挤出方向各截取 200mm 长的试样。

4. 管件及硬质塑料

零部件保持原形状的整体试样。

试样不得有裂纹，端口平整，对管材和异型材试样，两端应与轴线垂直切平。

梯度法一般需要 25 个试样。

（三）试验步骤

① 首先确定初始冲击高度和落锤质量。试验时，第一个试样若未被破坏，测第二个试样高度增高一个增量 d（m）。若第一个试样已破坏，高度则下降一个增量 d（m）。直至试样达到 50％破坏时为止。每组试样至少 20 个。

② 对管材或对称管件，沿圆周方向冲击，冲击点选在垂直直径的顶部。对板材试样选在中心部位。对于不对称管件或异型材用一半试样先冲击一面，剩下一半再冲击另一面。每个试样只允许冲击一次。试样受冲击后造成的裂纹和破碎均为破坏。

50％冲击破坏高度按式(4-17)计算：

$$H_{50}=H_1+d\left\{\frac{\sum(in_i)}{N}\pm\frac{1}{2}\right\} \tag{4-17}$$

式中　H_{50}—— 50％冲击破坏高度，m；

　　　H_1—— 试验初始高度（预测的试验破坏高度）m；

　　　d—— 每次升降的试验高度，m；

　　　n_i—— 各试验高度已破坏（或未破坏）的试样数；

　　　i—— 设 H_1 为 0 时，逐个增减的高度水准（$i=-3，-2，-1，0，1，2，3$……）；

　　　N—— 已破坏（或未破坏）试样之总数（$N=\sum n_i$）；

　　　$\pm\frac{1}{2}$—— 使用已破坏的数据时取负号，使用未破坏的数据时取正号。

50％冲击破坏能按式(4-18)计算：

$$E_{50}=mgH_{50} \tag{4-18}$$

式中　E_{50}—— 50％冲击破坏能，J；

　　　m—— 落锤质量，kg；

　　　g—— 重力加速度，9.81m/s²；

　　　H_{50}—— 50％冲击破坏高度，m。

（四）影响因素

落锤冲击试验是以重锤直接冲击试样，因此除了落锤的下落高度及质量大小之外，重锤冲头的形状尺寸对结果影响很大，一般冲击头都用半球状，冲头直径小则冲击破坏能低，反之则高。因此测试时应按标准的规定选取合适的冲头，注意冲头表面是否光整，如有机械损伤，则应更换。

落锤冲击试验的试样是制品，而制品的表面状况是不同的，因此冲击点的选取对其测试结果有很大的影响，特别是管材，其冲击点须是在其管子外径圆周的法向位置上，否则其测试结果数值偏高。

任务实施

高分子材料冲击性能测定。

将学生分组，使用 MZ-2056B 数显式悬臂梁冲击试验机，参照标准 GB/T 1843—2008 进行塑料悬臂梁冲击试验；参照标准 GB/T 1697—2001 进行硬质橡胶冲击强度的测定。每组派一名同学为代表陈述测定过程、结果，其他小组同学和老师共同评议鉴别结果。

综合评价

序号	考核项目	权重/%	评分标准					合计
			优秀 90～100	良好 80～89	中等 70～79	及格 60～69	不及格 <60	
1	学习态度	10						
2	操作方法	40						
3	结果	20						
4	知识理解及应用能力	10						
5	语言表达能力	5						
6	与人合作	5						
7	环保、安全意识	10						

任务 5　高分子材料剪切性能测试

任务介绍

进行高分子材料剪切性能测定。

【知识目标】

① 了解剪切性能测试原理；

② 掌握剪切试样制备方法；

③ 掌握剪切性能测试方法。

【能力目标】

能进行高分子材料剪切性能测试。

【素质目标】

① 培养学生遵规守纪、按章操作的工作作风；

② 锻炼学生组织协调能力，培养其团队合作意识；

③ 培养学生具有环保意识、安全意识、节能降耗意识。

 任务分析

剪切性能也是高分子材料力学性能的重要特性。有许多塑料和橡胶零件和部件是在承受剪切力的情况下工作的。剪切性能试验的类型较多，按受力形式分为单面拉伸剪切、单面压缩剪切、双面压缩剪切和纯剪切等；按试样方向分为平行板面剪切和垂直板面剪切；对胶接材料有单搭接剪切和双搭接剪切；而对复合材料又有短梁剪切等。其中，拉伸剪切都适用于胶接材料；单面和双面压缩剪切适用于层压材料和取向材料；短梁剪切适用于各种纤维材料和层压材料；而纯剪切则多适用于 POM（聚甲醛）、PC（聚碳酸酯）、PMMA（聚甲基丙烯酸酯）和 PA（聚酰胺）等均质材料和层压材料。根据材料种类选择进行测量。

引用塑料剪切试验标准 GB/T 15598—1995（塑料剪切强度试验方法　穿孔法）、GB/T 1450.1—2005（纤维增强塑料层间剪切强度试验方法）、橡胶剪切性能试验标准 GB/T 1700—2001（硬质橡胶抗剪切强度的测定）进行测量。

 相关知识

一、概念

1. 剪切应力

试验过程中，任一时刻施加于试样的剪切负荷除以受剪切面积得到的数值。

2. 剪切强度

在剪切应力作用下，材料所承受的最大剪切应力。

3. 屈服剪切强度

在剪切负荷-变形曲线上，负荷不随变形增加的第一个点的剪切应力。

4. 层间剪切强度

在层间材料中沿层间单位面积上能承受的最大剪切负荷。

5. 断纹剪切强度

沿垂直于板面的方向剪断的剪切强度。

6. 剪切弹性模量

指材料在比例极限内剪应力与剪应变之比。

二、塑料的剪切试验

塑料的剪切试验方法不同，测得的结果有很大的不同，下面就介绍几种剪切试验方法。

（一）穿孔剪切试验

参照塑料剪切试验标准 GB/T 15598—1995 塑料剪切强度试验方法　穿孔法。

1. 测试原理

采用圆形穿孔器，用压缩剪切的方式，将剪切负荷施加于试样，使试样产生剪切变形或破坏，以测定材料的剪切强度。

2. 试验设备

主要包括试验机、剪切夹具、测微计三部分。要求试验机能使十字头恒速运动，有自动对中和变形测量装置，可做压缩试验。剪切夹具是将剪切负荷施加于试样的器具，由穿孔器和压模构成，要求具有能把试样正确地固定在夹具的穿孔器和压模上的功能，并能将负荷均匀地施加于试样，如图 4-8 所示。测微计应能测定试样厚度，精度为 0.01mm。

3. 试样

试样厚度应均匀、表面光洁、平整、无机械损伤及杂质。试样是边长为 50mm 的正方形或直径为 50mm 的板，厚度为 $1.0 \sim 12.5$mm，中心有一直径为 11mm 的孔（见图 4-9）。仲裁试样厚度为 $3 \sim 4$mm。试样的制备可按有关标准或双方协议，采用注塑、压制或挤出成型等方法，也可用机械加工方法从成型板材上切取。

4. 试验步骤

① 在试样受剪切部位均匀取四点测量厚度，精确至 0.01mm，取平均值为试样厚度。

② 试验速度为 1mm/min±50％。

③ 将穿孔器插入试样的圆孔中，放上垫圈用螺帽固定，然后把穿孔器装在夹具中，再将夹具用四个螺栓均匀固定，以使试样在试验过程中不产生弯曲。

④ 安装夹具时，应使剪切夹具的中心线与试验机的中心线重合。

⑤ 启动试验机，对穿孔器施加压力，记录最大负荷，需要时可以记录变形，然后卸去压力取出试样。

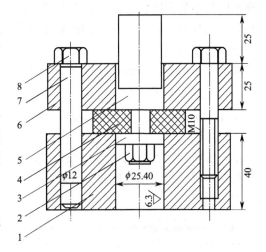

图 4-8　穿孔式剪切夹具和试验装置示意图
1—下压板；2—螺母；3—垫圈；4—试片；
5—穿孔器；6—上模；7—模具导柱；8—螺栓

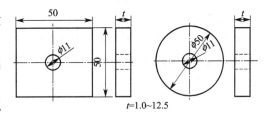

图 4-9　剪切试样图

5. 结果表示

剪切强度可按下式计算：

$$\sigma_\tau = \frac{p}{\pi D t} \tag{4-19}$$

式中　σ_τ——剪切强度，MPa；

　　　p——剪切负荷，N；

　　　D——穿孔器直径，mm；

　　　t——试样厚度，mm；

　　　π——圆周率。

6. 影响因素

（1）剪切速度

穿孔式剪切试验速度对剪切强度有影响。同一种材料随着剪切试验速度的增加，其剪切强度也增大，因此在试验时必须在规定的统一试验速度下进行。由于高分子材料属于黏弹性材料，只有在较低试验速度下高分子链段才来得及运动，也只有在较低速度下材料的缺陷才易于暴露，因此试验方法选定的试验速度为 1mm/min。

（2）试样厚度

相同材料的试样厚度不同，其剪切强度值也不同。如 PVC 和 PTFE 的剪切强度均随其试样厚度的增加而降低。而且，材料在其制造过程中，会产生一些气孔、杂质或低分子物质等缺陷，试样越厚，存在缺陷的概率也越高，因此试样越厚其剪切强度值也越低。

（3）环境温度

随着温度的升高，剪切强度明显下降，且热塑性材料较热固性材料的影响更为明显。

（4）试样加工方法

试样加工方法不同对剪切强度也有影响，因此应按规定的标准方法和条件准备试样。

（5）不同受力方式

不同的剪切受力方式所测结果有很大的不同，其中单面压缩剪切和单面拉伸剪切由于其应力分布不够均匀，所得结果的极限误差较大，而穿孔式纯双面剪切因其应力分布较均匀，极限误差也较小。

（二）层间剪切试验

参照 GB/T 1450.1—2005 纤维增强塑料层间剪切强度试验方法。

1. 测试原理

对特定形状的试样匀速加载，载荷方向与试样层间方向一致，使其在规定的受剪面内剪切破坏，以测定层间剪切强度。

2. 试验设备

主要包括试验机、剪切夹具两部分。要求试验机应符合 GB/T 1446—2005 第 5 章的规定。剪切夹具如图 4-10 所示。

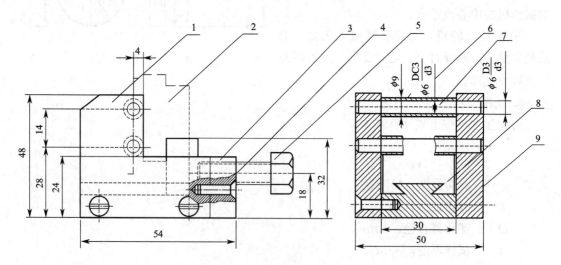

图 4-10 层间剪切夹具示意图

1—前盖板；2—试样；3—侧盖板；4—螺钉 M4X14；5—螺栓 M8 X 30；6—轴套；7—轴；8—滑块；9—底座

3. 试样

试样型式和尺寸如图 4-11 所示。试样 A、B、C 三面应相互平行，且与织物层垂直，D 面为加工面，且 D、E、F 面与织物平行，受力面 A、C 应平整光滑。

4. 试验步骤

① 将合格试样编号，测量试样受剪面任意三处的高度和宽度，取算术平均值。测量精度按 GB/T 1446—2005 中 4.5 的规定。

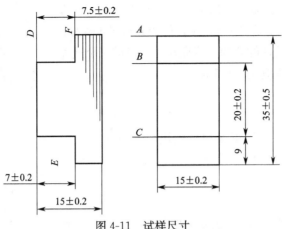

图 4-11　试样尺寸

② 将试样放入层间剪切夹具中，A 面向上，夹持时以试样能上下滑动为宜，不可过紧。然后把夹具放置试验机上，使受力面 A 的中心对准试验机上压板中心。压板的表面必须平整光滑。

③ 常规试验以 5~15mm/min（仲裁试验加载速度为 10mm/min）的加载速度对试样施加均匀、连续的载荷，直到试样破坏，记录破坏载荷。

④ 有明显内部缺陷或不沿剪切面破坏的试样，应予作废。同批有效试样不足 5 个时，应重做试验。

5. 结果表示

层间剪切强度可按下式计算：

$$\tau_s = \frac{p_b}{bh} \tag{4-20}$$

式中　τ_s——层间剪切强度，MPa；

　　　p_b——破坏或最大载荷，N；

　　　h——试样受剪面高度，mm；

　　　b——试样受剪面宽度，mm。

6. 影响因素

（1）试样的制备

试样 A、B、C 面的彼此平行度，D、E、F 面与布层的平行状态及 A、C 面的光滑程度直接影响测试结果。

（2）试验速度

从实验观察到，试验速度太快，测试结果不够稳定，误差也较大。材料本身结构不同，其影响程度也不同，选择试验速度时必须考虑材料的特点。

（3）温度

温度的影响同上。

三、橡胶的剪切试验

参照橡胶剪切性能试验标准 GB/T 1700—2001 硬质橡胶抗剪切强度的测定。

（一）试验装置

试验装置如图 4-12 所示，由两个钢制拉杆（上拉杆和下拉杆）构成，两个拉杆分别固定在试验机上下夹头的位置上，两拉杆的工作部分各有一方孔，高 10.30mm±0.05mm，宽 15.40mm±

0.05mm，上拉杆工作部分宽度为 30mm，下拉杆的两边工作部分的宽度均为 25mm，在初始状态下，上拉杆的方形端部插入下拉杆的凹槽部分，两个拉杆的孔的边缘应对正，形成一个连通孔，剪切面之间的缝隙不应大于 0.1mm。

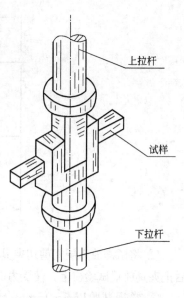

上拉杆

试样

下拉杆

图 4-12　剪切装置

（二）试样

试样为长 120mm，宽 15.0mm±0.2mm，厚 10.0mm±0.2mm 的长方体。试样的正面和侧面用机械加工，加工面必须平滑光洁，不应有裂纹或其他缺陷，每组试样不少于三个。

（三）试验步骤

① 测量试样中部受剪切负荷部分的厚度和宽度，分别测量三点，取中位数，精确到 0.02mm。

② 将上拉杆和下拉杆分别安装在试验机上下夹头上，并调好试验机的零点。

③ 将试样放入上拉杆和下拉杆形成的连通孔中，并使试样两端露出部分的长度相等，放于方孔中的试样应宽面向上，以便将剪切负荷施加在试样的宽面上。

④ 开动电机，使拉力机拉杆均匀运动，剪切试样。

⑤ 试样剪切破坏时，记录其最大剪切力值。

⑥ 试验后，检查试样断面是否有气孔、杂质等内部缺陷，如有缺陷应重新补做。

（四）试验结果

$$\tau=\frac{p}{2bd} \tag{4-21}$$

式中　τ——剪切强度，MPa；

p——最大剪切负荷，N；

b——试样的宽度，mm；

d——试样的厚度，mm。

（五）影响因素

1. 试样的制备

试样的制备对测试结果的影响很大，因而对不同的试样的加工必须有具体的要求，使其加工后不仅几何尺寸达到要求，而且不能改变其原来的结构。

2. 受力方式

不同的剪切受力方式所测结果有很大不同。

3. 温度和剪切速度

随着温度的升高，在温度和氧的作用下，橡胶材料发生化学松弛，其剪切强度也发生变化。不同的材料随着剪切速度的不同，其剪切强度也不相同；同一种材料其剪切速度不同，其剪切强度也不相同。因此作剪切强度测试时必须规定其测试温度和试验速度。

任务实施

高分子材料剪切性能测定。

将学生分组，使用 MZ-5000D 电子万能试验机，参照塑料剪切试验标准 GB/T 15598—1995、橡胶剪切性能试验标准 GB/T 1700—2001 进行测定。每组派一名同学为代表陈述测定过程、结果，其他小组同学和老师共同评议鉴别结果。

综合评价

序号	考核项目	权重/%	评 分 标 准					合计
			优秀 90～100	良好 80～89	中等 70～79	及格 60～69	不及格 <60	
1	学习态度	10						
2	操作方法	40						
3	结果	20						
4	知识理解及应用能力	10						
5	语言表达能力	5						
6	与人合作	5						
7	环保、安全意识	10						

任务 6　高分子材料硬度测试

任务介绍

进行高分子材料硬度测试。

【知识目标】

① 了解常用的硬度表示方法；

② 了解高分子材料硬度测试原理；

③ 掌握高分子材料硬度测试试样制备方法；

④ 掌握高分子材料硬度测试方法。

【能力目标】

能进行 PVC 硬度测试。

【素质目标】

① 培养学生遵规守纪、按章操作的工作作风；

② 锻炼学生组织协调能力，培养其团队合作意识；

③ 培养学生具有环保意识、安全意识、节能降耗意识。

任务分析

材料的硬度是表示材料抵抗其他较硬物体的压入能力，是材料软硬程度的反映。通过硬度测量可间接了解高分子材料的其他力学性能，如磨耗、拉伸强度等。对于纤维增强塑料，可用硬度估计热固性树脂基体的固化程度，完全固化的塑料比不完全固化的塑料的硬度要高，固化后的热固性塑料硬度大约相当于或略高于有色金属。硬度测试简单、迅速，不损坏试样，有的可在施工现场进行，所以硬度可作为质量检验和工艺指标而获得广泛应用。

塑料硬度测定可以参照 GB/T 3398.1—2008（塑料硬度测定 第 1 部分：球压痕法）、GB/T 3398.2—2008（塑料硬度测定 第 2 部分：洛氏硬度），橡胶硬度测定可以参照 GB/T

1698—2003（硬质橡胶硬度的测定）、GB/T 23651—2009（硫化橡胶或热塑性橡胶硬度测试介绍与指南）、GB/T 531.1—2008（硫化橡胶或热塑性橡胶压入硬度试验方法 第 1 部分：邵氏硬度计法）。

相关知识

一、概述

测定硬度的方法很多，按测定方式来分可分为以下三类。

1. 测定材料耐顶针（球形顶针）压入能力的硬度试验

布氏硬度、邵氏硬度、维氏硬度、努普硬度、巴科尔硬度和球压痕硬度等。

2. 测定材料对尖头或另一种材料的抗划痕性硬度试验

比尔鲍姆硬度和莫斯硬度等。

3. 测定材料回弹性的硬度试验

洛氏硬度和邵氏硬度等。

从加载方式考虑，硬度可分为动载法和静载法两种。动载法有弹性回跳法和用冲击力把淬火钢球压入试样的方法。静载法是以一定形状的压头平稳而又逐渐加荷，将压头压入试样的方法，简称"压入法"。测量硬度测试大多采用压入法，上面提到的布氏硬度、邵氏硬度和洛氏硬度方法都是以压入法的原理为基础的。

硬度的仪器和方法很多，因此硬度的数据与硬度计类型、试样的形状以及测试条件有关，为了得到可以比较的硬度值，必须使用同一类型的硬度计和相同条件下的试验方法，否则就无比较意义。

二、塑料的硬度试验

（一）球压痕硬度试验

1. 定义

球压痕硬度是以规定直径的钢球，在试验负荷作用下，垂直压入试样表面，保持一定时间后单位压痕面积上所承受的压力，单位为 N/mm^2。

2. 试验原理

将钢球以规定的负荷压入试样表面，在加荷下测量压入深度，由其深度计算压入的表面积。由以下关系式计算球压痕硬度：

$$球压痕硬度＝施加的负荷/压入的表面积$$

3. 仪器

硬度试验机主要由机架、加荷装置、压头、压痕深度、指示仪表等组成，如图 4-13 所示。硬度计的机架为刚性结构，在最大负荷下，沿轴线方向的变量不大于 0.05mm，机架上带有可升降的工作台，其中心线与压头主轴线的同轴度不大于 0.2mm，主轴线与升降工作台面垂直，偏差不大于 0.2%，硬度指示值准确度为±4%。压头为淬火抛光的钢球，直径为 5mm±0.05mm，硬度 800HV。加载装置包括加荷杠杆、砝码和缓冲器，通过调整砝码可对压头施加负荷，一般来说，初负荷为 9.8N（1kg），试验负荷为 49N（5kg）、132N（13.5kg）、358N（36.5kg）、961N（98.0kg），各级负荷允许误差为±1%；压痕深度指示仪表为测量压头压入深度的装置，在 0～0.5mm 测量段内，精度为 0.005mm；计时装置指示试验负荷全部加入后读取压痕深度的时间，计时量程不小于 60s，精度为±5%。

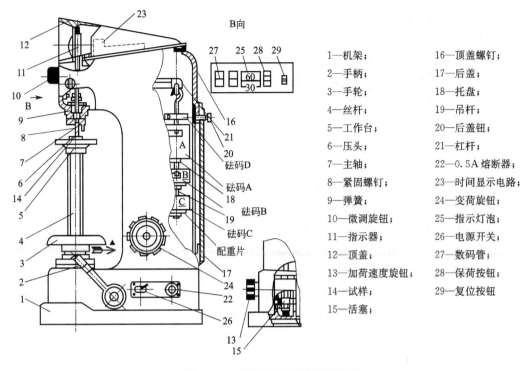

图 4-13　球压痕硬度计结构示意图

1—机架；	16—顶盖螺钉；
2—手柄；	17—后盖；
3—手轮；	18—托盘；
4—丝杆；	19—吊杆；
5—工作台；	20—后盖钮；
6—压头；	21—杠杆；
7—主轴；	22—0.5A 熔断器；
8—紧固螺钉；	23—时间显示电路；
9—弹簧；	24—变荷旋钮；
10—微调旋钮；	25—指示灯泡；
11—指示器；	26—电源开关；
12—顶盖；	27—数码管；
13—加荷速度旋钮；	28—保荷按钮；
14—试样；	29—复位按钮
15—活塞；	

4. 试样

试样厚度均匀、不小于 4mm，表面光滑、平整、无气泡、无机械损伤及杂质等。若试样厚度小于 4mm，可以叠放几个试样。试样大小应保证每个测量点中心与试样边缘距离不小于 10mm，各测量点中心之间的距离不小于 10mm。一般可采用 50mm×50mm×4mm 或 ϕ50mm×4mm 尺寸。

5. 试验操作

① 定期测定各级负荷下的机架变形量 h_2。测定时卸下压头，升起工作台使其与主轴接触，加上初负荷，调节深度指示仪表为零，再加上试验负荷，直接由压痕深度指示仪表中读取相应负荷下的机架变形量。

② 据材料硬度选择适宜的试验负荷。装上压头，并把试样放在工作台上，使测试表面与加荷方向垂直接触，在离试样边缘不小于 10mm 处无冲击地加上初负荷，把深度指示仪表调到零点。

③ 在 2～3s 内将所选择的试验负荷平稳地施加到试样上，保持负荷 30s，读取压痕深度 h_1。

④ 必须保证压痕深度在 0.15～0.35mm 的范围内。若压痕深度不在规定的范围内，则应改变试验负荷，使达到规定的深度范围。

⑤ 数量不少于 2 块，测量点数不少于 10 个。

6. 结果表示

球压痕硬度值按下式计算：

$$HB = \frac{0.21p}{0.25\pi d(h-0.04)} \tag{4-22}$$

式中　HB——球压痕硬度，N/mm²；

p——试验负荷，N；

d——钢球直径，mm；

h——校正机架变形后的压痕深度，mm，$h=h_1-h_2$；

h_1——试验负荷下钢球的压入深度，mm；

h_2——仪器在试验负荷下机架变形量，mm。

（二）洛氏硬度

1. 试验原理

洛氏硬度是在规定的加荷时间内，在受试材料上面的钢球上施加一个恒定的初负荷，随后施加主负荷，然后再恢复到相同的初负荷。测量结果是由压入总深度减去卸去主负荷后规定时间内的弹性恢复以及初负荷引起的压入深度。即洛氏硬度由压头上的负荷从规定初负荷增加到主负荷，然后再恢复到相同初负荷时的压入深度净增量求出。

测试原理图 4-14 所示。采用金刚石圆锥或钢球作为压头，分两次对试样加荷，首先施加初试验力，压头压入试样的压痕深度为 h_1，接着再施加主试验力，压头在总试验力作用下的压痕深度为 h_2；然后压头在总试验力作用下保持一定时间后卸除主试验力，只保留初试验力，压痕因试样的弹性回复而最终形成的压痕深度为 h_3，从而求出其硬度值。

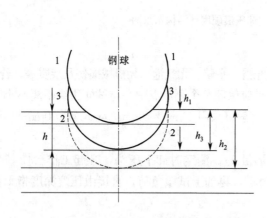

图 4-14 洛氏硬度测定原理示意图

图 4-15 洛氏硬度计

2. 试验设备

采用洛氏硬度计进行测量，它是由机架、压头、加力机构、硬度指示器和计时装置组成，如图 4-15 所示。机架为刚性结构，带有直径至少为 50mm 的用于放置试样的平板。硬度计在最大试验力作用下，机架变形和试样支撑结构位移对洛氏硬度影响不得大于 0.5 洛氏硬度分度值。压头为可在轴套中自由滚动的硬质抛光钢球，钢球在试验时不应有变形。缓冲器应使压头对试样能平稳而无冲击地施加试验力，并控制施加试验力时间在 3～10s 以内。硬度指示器能测量压头压入深度到 0.001mm，每一分度值等于 0.002mm。计时装置能指示初试验力、主试验力全部加上时及卸除主试验力后到读取硬度值时，总试验力的保持时间，计时量程不大于 60s，准确度为 ±5%。

3. 试样

试样应厚度均匀、表面光滑、平整、无气泡、无机械损伤及杂质等。标准试样厚度应不小于 6mm，试样大小应保证能在试样的同一表面上进行 5 个点的测量，每个测点应离试样边缘 10mm 以上，任何两测量点的间隔不得少于 10mm。一般试样尺寸为 50mm×50mm×6mm。当无法得到规定的最小厚度的试样时，可用相同厚度的较薄试样叠成，要求每片试样的表面都应紧密接触，不得被任何形式的表面缺陷分开（例如，凹陷痕迹或锯割形成的毛边）。全部压痕都应在试样的同一表面上。测量洛氏硬度只需一个试样，对各向同性的材料，每一试样至少应测量 5 次。

4. 试验操作

① 根据材料软硬程度选择适宜的标尺，尽可能使洛氏硬度值处于 50～115 之间，少数材料不能处于此范围的不得超过 125。相同材料应选用同一标尺。

② 按试样形状、大小挑选及安装工作台，把试样置于工作台上，旋转丝杠手轮，使试样慢慢地无冲击地与压头接触，直至硬度指示器短针指于零点，长指针垂直向上指向，此时已施加了初试验力，长针偏移不得超过±5 分度值。

③ 调节指示器，使长针对准，再于 10s 内平稳地施加主试验力并保持 15s，然后再平稳地卸除主试验力，经 15s 时读取长指针所指的标尺数据，准确到标尺的分度值。

④ 反方向旋转升降丝杠手轮，使工作台下降，更换测试点，重复上述操作，每一个试样测试 5 点。

5. 试验结果

① 洛氏硬度值可按下式计算：

$$HR = 130 - \frac{h}{C} \tag{4-23}$$

式中　HR——洛氏硬度值；

　　　　h——卸除主试验力后，在初试验力下压痕深度，$h = h_3 - h_1$，mm；

　　　　C——常数，其值规定为 0.002mm。

② 洛氏硬度的试验结果。数字显示式硬度计可直接读取硬度值。参照图 4-16，分别记录施加主试验力后长针通过 BO 点的次数和卸除主试验力后长针通过 BO 点的次数，两次相减后按以下方法得到硬度值：差数为 0 时，标尺读数加 100 为硬度值；差数为 1 时，标尺读数即为硬度值；差数为 2 时，标尺读数减 100 为硬度值。

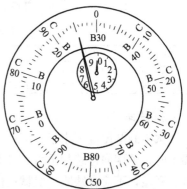

图 4-16　洛氏硬度计度盘图

三、橡胶的硬度试验

目前世界上普遍采用两种橡胶硬度：一种是邵氏硬度；另一种是国际橡胶硬度（IRHD）。邵氏硬度在我国应用最广，采用邵氏硬度计测量硬度，可直接从产品上取样进行测试，使用起来十分方便，测量的硬度范围广。此外还有赵氏硬度、邵坡尔硬度以及专门用于测量微孔海绵橡胶的硬度。

（一）邵氏硬度

邵氏硬度又称邵尔硬度，是表示塑料和橡胶材料硬度等级的一种方法，它分为邵氏 A 型（测量软质橡胶硬度）、邵氏 C 型（测量半硬质橡胶硬度）和邵氏 D 型（测量硬度橡胶硬度），其硬度读数分别用 HA、HC 和 HD 表示，我国与 ISO 规定一致，只使用 A 型和 D 型。参照国家标准为 GB/T 531.1—2008（硫化橡胶或热塑性橡胶压入硬度试验方法 第 1 部分：邵氏硬度计法）。

1. 测试原理

在特定的条件下，将规定形状的压针在标准的弹簧压力下压入橡胶，再把压入深度转换为硬度值，表示该试样的硬度等级，直接从硬度计的指示表上读取。指示表为 100 个分度，每一个分度即为一个邵氏硬度值。

2. 试验设备

邵氏硬度计的主要部件如图 4-17 所示，试验设备如图 4-18 所示，硬度计在自由状态时，压针的形状和尺寸应符合规定，压针应位于孔的中心，硬度计的指针应指为零度，当压针被压入小孔，其端面与硬度计底面在同一平面时，指针所指刻度应为 100 度。其主要部位尺寸如表 4-13 所示。

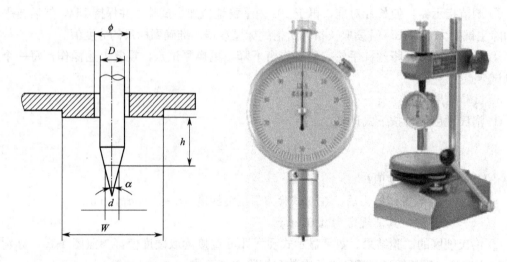

图 4-17　邵氏硬度计示意图　　　　图 4-18　邵氏硬度计

表 4-13　邵氏硬度计的主要部位尺寸

型　号	D/mm	d/mm	h/mm	α	ϕ/mm	W/mm
A 型尺寸	1.3 ± 0.05	0.8 ± 0.02	2.50 ± 0.04	$35°\pm15'$	$2.5\sim3.2$	>10
D 型尺寸	1.25 ± 0.15	$R0.1\pm0.012$	2.50 ± 0.04	$35°\pm1°$	3 ± 0.5	>10

3. 试样

试样的厚度应不小于 6mm，宽度不小于 15mm，长度不小于 35mm。若试样厚度达不到要求时，可用同样胶片重叠起来使用，但不准超过 3 层，并要上下两面平行。试样表面光滑、平整，不应有缺陷、机械损伤及杂质等。

4. 试验步骤

① 试验前检查试样，如表面有杂质需用纱布沾酒精擦净。

② 试样下面应垫厚 5mm 以上的光滑、平整的玻璃板或硬金属板。

③ 硬度计用定负荷架辅助测定试样的厚度，在试样缓慢地受到 1kgf 负荷时立即读数；在试样表面不同位置进行 5 次测量取中值，试样上的每一点只准测量一次硬度，点与点间距离不少于 6mm。

（二）国际橡胶硬度试验

国际橡胶硬度计是以规定的负荷和球形压头，以压头压入试样的深度差值来表示试样的硬度，单位为国际橡胶硬度，用 IRHD 表示。国际橡胶硬度计分常规型、微型和袖珍型三种。常规试验法多用于规范试验、仲裁试验及研究工作；微型试验法多用于测量薄型制品、O 形橡胶密封圈、小型橡胶零件和少量橡胶制品性能的测试；袖珍型试验法一般用于生产现场和厂外硬度检测。下面着重介绍常规试验法中的硫化橡胶国际硬度测定（35～85IRHD）。参照标准 GBT 6031—1998（硫化橡胶或热塑性橡胶硬度的测定 10～100IRHD）。

1. 测试原理

本试验是测量钢球在一个小的接触压力和一个大的总压力作用下，压入橡胶的深度差值。橡胶国际硬度（IRHD）是以这个差值，利用换算表或根据此表制作的曲线图求得，或者由以橡胶国际硬度为单位的刻度盘直接读取。

2. 试样

试样的上、下表面应平整、光滑和互相平行，标准试样的厚度为 8～10mm，可以由一层、两层或三层叠放的橡胶组成，最薄的橡胶层不应小于 2mm。非标准试样可以厚些或薄些，但不得小于 4mm。测量点与试样边缘的距离不少于表 4-14 中对应的距离，试样硫化后停放时间不少于 16h 才能试验，作仲裁时，停放时间不少于 72h。

表 4-14 橡胶试样厚度与测试点的距离

试样的总厚度/mm	4	6	8	10	15	25
试验点到试样边缘的最小距离/mm	7.0	8.0	9.0	10.0	11.5	13.0

3. 试验步骤

① 在试样的上、下表面撒上薄薄的滑石粉，有振动装置的硬度计，打开振动开关，把试样置于硬度计的水平台上，放下压足与试样表面接触，使压杆和压球在橡胶上保持 5s，此时压力为 8.3N。

② 如果硬度计以橡胶国际硬度分度的，到 5s 末，使指针调至指向 100，施加 5.40N±0.01N 的压入力，并保持 30s，直接读取以橡胶国际硬度为单位的硬度读数。

③ 如果硬度计以长度单位分度，则应把施加接触力和施加压力后，压杆的压入深度差值 D（0.01mm 为单位）记录下来，查 D 值与橡胶国际硬度（IRHD）换算关系表格，换算为橡胶国际硬度数值。

⚙ **任务实施**

高分子材料硬度测定。将学生分组，参照标准 GB/T 3398.1—2008（塑料硬度测定 第 1 部分：球压痕法）进行塑料球压痕硬度试验，参照标准 GB/T 3398.2—2008（塑料硬度测定 第 2 部分：洛氏硬度进行 PVC 洛氏硬度试验），参照国家标准 GB/T 531.1—2008（硫化橡胶或热塑性橡胶压入硬度试验方法 第 1 部分：邵氏硬度计法 邵尔硬度）进行橡胶邵氏硬测试。每组派一名同学为代表陈述测定过程、结果，其他小组同学和老师共同评议。

☞ **综合评价**

序号	考核项目	评分标准						合计
		权重/%	优秀 90~100	良好 80~89	中等 70~79	及格 60~69	不及格 <60	
1	学习态度	10						
2	操作方法	40						
3	结果	20						
4	知识理解及应用能力	10						
5	语言表达能力	5						
6	与人合作	5						
7	环保、安全意识	10						

学习情境五

高分子材料的热性能检测

任务 1　高分子材料热稳定性测试

任务介绍

进行高分子材料尺寸稳定性、负荷下热变形温度、失强温度、线膨胀系数测试。

【知识目标】

① 了解高分子材料热稳定性能测试原理；

② 掌握高分子材料热稳定性能试样制备方法；

③ 掌握高分子材料热稳定性能测试方法。

【能力目标】

能进行高分子材料尺寸稳定性、负荷下热变形温度、失强温度、线膨胀系数测试。

【素质目标】

① 培养学生遵规守纪、按章操作的工作作风；

② 锻炼学生组织协调能力，培养其团队合作意识；

③ 培养学生具有环保意识、安全意识、节能降耗意识。

任务分析

高分子材料热稳定性能包括尺寸稳定性、负荷下热变形温度、失强温度、线膨胀系数等，了解其测试原理、测试装置，按照试样制备方法和测试步骤进行相关性能测试。可以参照标准 GB/T 8811—2008（硬质泡沫塑料尺寸稳定性试验方法）、GB/T 1634—1979（塑料弯曲负载热变形温度——简称热变形温度试验方法）、GB 1036—1989（塑料线膨胀系数测定方法）。

相关知识

一、尺寸稳定性

高聚物在加工过程中，经常出现高分子链被拉伸、剪切、压缩，分子链有不同程度的结晶等现象，从而使制品的尺寸发生某种程度的变化，高分子材料的尺寸稳定性通常用收缩率来表示。

1. 测试原理

尺寸变化率或收缩率是指规定尺寸的试样，在规定的温度、以规定的方式放置在规定的支撑上，经过规定的时间，然后将试样冷至室温，试样纵向和横向尺寸变化的百分数。

2. 测试装置

① 恒温烘箱：最高温度200℃或以上，控温精度±2℃；

② 卡尺：精度0.01mm；

③ 试样支撑物：按试样要求定（钢板、铜板、石棉板、牛皮纸等）。

3. 试样

用锯切或其他机械加工方法从样品上切取试样，并保证试样表面平整而无裂纹。试样为长方体，试样最小尺寸为（100±1）mm×（100±1）mm×（25±0.5）mm。对选定的任一试验条件，每一样品至少测试三个试样。

4. 操作步骤

① 根据产品标准规定，将试样划好标线（通常划三条），放在空调房间进行状态调节。

② 测量试样标线间的距离，精确至0.01mm，通常测量三遍取平均值。

③ 将烘箱升温至所需温度，并恒定15min。

④ 将试样放在规定的支撑物上，迅速关上烘箱门（不使烘箱温度有大的波动），开始计时（有些产品标准规定，到达所需温度后，才开始计时），到达所需时间后，取出试样，放在空调房间冷至室温，精确测量试样尺寸。

5. 结果表示

试验结果按下列公式计算：

$$\varepsilon_L = \frac{L_t - L_0}{L_0} \times 100 \tag{5-1}$$

$$\varepsilon_W = \frac{W_t - W_0}{W_0} \times 100 \tag{5-2}$$

$$\varepsilon_T = \frac{T_t - T_0}{T_0} \times 100 \tag{5-3}$$

式中　ε_L，ε_W，ε_T——分别为试样的长度、宽度及厚度的尺寸变化率的数值，%；

L_t，W_t，T_t——分别为试样试验后的平均长度、宽度和厚度的数值，mm；

L_0，W_0，T_0——分别为试样试验前的平均长度、宽度和厚度的数值，mm。

二、负荷下热变形温度测定

负荷下热变形温度常用于控制质量和作为鉴定新品种热性能的一个指标，但不代表其使用温度。

1. 测定原理

本方法是测定塑料试样浸在一种等速升温的合适液体传热介质中，在简支梁式的静弯曲负载作用下，试样弯曲变形达到规定值时的温度。

把一个具有一定尺寸要求的矩形试样，放在跨距为100mm的支座上，并在两支座的中点处，施加规定的负荷，形成三点式简支梁式静弯曲，负荷使试样形成1.81N/mm² 或0.45N/mm²的表面弯曲应力，把受负荷作用后的试样浸在导热的液体介质中，以120℃/h的升温速度升温，当试样中点的变形量达到与试样高度相对应的规定值时，读取其温度，这就是负荷热变形温度。

2. 仪器

负荷热变形温度测定仪由试样支架、负荷压头、砝码、变形测量装置、温度计及能恒速升温的加热浴箱组成，其基本结构如图 5-1 所示。

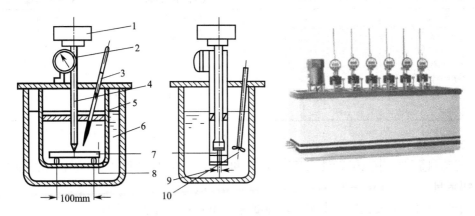

图 5-1　负荷变形温度测定设备

1—负荷；2—百分表；3—温度计；4—负载杆及压头；5—支架；6—液态介质；
7—试样；8—试样高；9—试样宽；10—搅拌器

试样支架两支点的距离为 100mm±2 mm，负荷压头位于支架的中央，支架及负荷压头与试样接触的部位是半径 3.0mm±0.2mm 的圆角。使用一组大小合适的砝码，使试样受载后最大弯曲正应力为 18.5kg/cm^2 或 4.6kg/cm^2。负载杆、压头的质量及变形测量装置的附加力应作为负载中的一部分计入总负载中。应加砝码的质量由式(5-4) 计算。

$$W=\frac{2\sigma b h^2}{3l}-R-T \tag{5-4}$$

式中　W——砝码质量；

σ——试样最大弯曲正应力；

b——试样宽度，mm；

h——试样高度，mm；

l——两支座间距离，mm；

R——负载杆、压头的质量；

T——变形测量装置的附加力，附加力向下取正值，向上取负值。

加热浴箱中的液体热介质，应选取在试验过程中对试样不造成溶胀、软化、开裂等影响的液体，对于大部分塑料，选用硅油较合适。温度计及形变测定仪应定期进行校正。

3. 试样

试样为截面是矩形的长条，其尺寸规定如下。

① 模塑试样：长度 L=120mm，高度 h=15mm，宽度 b=10mm；

② 板材试样：长度 L=120mm，高度 h=15mm，宽度 b=3~13mm（取板材原厚度）；

③ 在特殊情况下，可以用长度 L=120mm，高度 h=9.8~15mm，宽度 b=3~13mm。但中点弯曲变形量必须用表 5-1 中规定的值。

试样应表面平整光滑，无气泡、无锯切痕迹、凹痕或飞边等缺陷。每组试样最少为两个。

表 5-1 试样高度同标准变形量关系

试样高度 h/mm	相对变形量/mm	试样高度 h/mm	相对变形量/mm
9.8～9.9	0.33	12.4～12.7	0.26
10.0～10.3	0.32	12.8～13.2	0.25
10.4～10.6	0.31	13.3～13.7	0.24
10.7～10.9	0.30	13.8～14.1	0.23
11.0～11.4	0.29	14.2～14.6	0.22
11.5～11.9	0.28	14.7～15.0	0.21
12.0～12.3	0.27		

4. 试验步骤

① 精确测量试样中点附近处的高度（h）和宽度（b），精确到 0.05mm，并按照式(5-4)计算砝码重量。

② 把试样对称地放在试样支座上，高度为 15mm 的一面垂直放置。

③ 插入温度计，使温度计水银球在试样两支座的中点附近，与试样相距在 3mm 以内，但不要触及试样。

④ 保温浴槽内的起始温度与室温相同，如果经试验证明在较高的起始温度下也不会影响试验结果，则可提高其起始温度。

⑤ 把装好试样的支架小心放入保温浴槽内，试样应位于液面 35mm 以下。加上砝码，使试样产生所要求的最大弯曲正应力为 18.5kg/cm² 或 4.6kg/cm²。

⑥ 加上砝码后，即开动搅拌器，5min 后调节变形测量装置，使之为零（如果材料加载后不发生明显的蠕变，就不需要等待这段时间），然后开始加热升温。

⑦ 当试样中点弯曲变形量达到 0.21mm 时，迅速记录此时温度。此温度即为该试样在相应最大弯曲正应力条件下的热变形温度（如试验 h=9.8～15mm 时，则中点弯曲变形量应采用表 5-1 中的数值）。

5. 结果表示

材料的热变形温度值以同组试样算术平均值表示。因为有两种负荷，所以试验记录及报告中一定要注明所采用的负荷大小。

三、失强温度的测定

失强温度是指标准样条在恒定重力作用下，发生断裂时的温度。

1. 测试原理

将具有两个直角缺口的矩形试样，下端加一砝码，置于等速升温的炉体内，当试样缺口处发生断裂时，记录其温度，即为失强温度。

2. 测试设备及试样

试验用的主体设备是一台能等速升温的加热炉，其装置示意如图 5-2 所示。试样是按有关规范压制成 1.5mm±0.2mm 的试片后，再用冲刀裁成图 5-3 的标准样条。试验时，用锥子在试样一端距边缘 5mm 处钻一个 ϕ1mm 左右的孔，用以悬挂砝码。砝码的质量应按式(5-5) 计算：

$$m_1 = A \times 0.242 - \frac{m_2}{2} \tag{5-5}$$

式中　m_1——砝码质量，g；

$\quad\quad A$——试样缺口处截面积，mm^2；

$\quad$0.242——$1mm^2$截面上的负荷，g/mm^2；

$\quad\quad m_2$——试样质量，g。

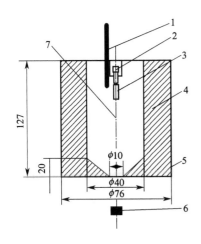

图 5-2　失强温度测定仪示意图

1—温度计；2—固定试样夹具；3—试片；

4—铜制中空圆柱体；5—电热丝；

6—砝码；7—金属悬丝

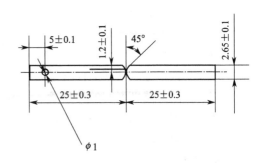

图 5-3　试样尺寸

3. 试验步骤

① 先将测定器炉体温度升至产品预定的起始温度，而后使升温速度调至 1.5～2.0℃/min。

② 将挂上砝码的试样放入测定器内。调整测温点的高度，使其与试样缺口处于同一高度。

③ 当试样断裂时，记录温度，即为该材料失强温度。

四、线膨胀系数的测定

膨胀系数是用来表征物体体积和各维长度随温度的增加而变化的程度大小的物理量。高聚物与一般物质一样，在环境温度发生变化时，符合一般物质的热胀冷缩规律，并且高聚物热胀冷缩的程度比金属要大得多。

不同种类的高聚物，其热胀冷缩的性能是不同的，通常用线膨胀系数来表示膨胀或收缩程度，线膨胀系数又分为某一温度点的线膨胀系数或某一温度区间的线膨胀系数，后者又称为平均线膨胀系数。所谓线膨胀系数就是单位长度材料，温度每升高一度的伸长量；所谓平均线膨胀系数就是单位长度材料，在某一温度区间内，温度每升高一度平均的伸长量，单位都是 1/℃。测定线膨胀系数对各聚合物的适用范围、鉴定产品质量等方面有较为重要意义。

测量线膨胀系数可用连续升温法；测量平均线膨胀系数可用两端点温度法或连续升温法。

（一）测试原理

1. 连续升温法

试样在等速升温下，不断伸长，通过仪器记录随时间不同的伸长量和相对应的温度，而

描绘出 Δl-T 曲线或 Δl-时间与 ΔT-时间曲线，从曲线上求出某一温度的线膨胀系数，见式(5-6)。

$$\alpha_T = \frac{l\,\mathrm{d}l}{l\,\mathrm{d}T} \tag{5-6}$$

或某一温度区间的平均线膨胀系数，见式(5-7)。

$$\bar{\alpha} = \frac{-l\Delta l}{l\Delta T} \tag{5-7}$$

式中　α_T——线膨胀系数，1/℃；

$\bar{\alpha}$——平均线膨胀系数，1/℃；

l——试样长度，mm；

$\mathrm{d}l$——很小温度区间的伸长量，mm；

Δl——某一温度区间的伸长量，mm；

$\mathrm{d}T$——很小的温度区间，℃；

ΔT——温度区间，℃。

2. 两端点温度法

首先确定两端点温度 T_1 和 T_2，先将试样放在 T 恒温，此时试样长度为 l，然后将试样放在 T_1 下恒温，此时试样长度为 l_1，然后将试样放在 T_2 下恒温，此时试样长度为 l_2，则试样在 $\Delta T = T_2 - T_1$ 时，试样伸长量为 $\Delta l = l_2 - l_1$，平均线膨胀系数 $\bar{\alpha}$ 按式(5-8) 计算。

$$\bar{\alpha} = \frac{-l\Delta l}{l\Delta T} \tag{5-8}$$

式中符号同前，上述两种方法，试样 l 的长度都是用室温时的长度来代替。

（二）仪器装置

1. 连续升温法

通常所使用的仪器，必须满足下列要求：

① 主机必须有程序温度控制，能等速升温、恒温，能实现低温要求；

② 试样随温度升高的伸长量及与温度的对应关系能准确记录下来。

我国研制的 RJF-D 低温热机械分析仪，可满足这些要求，原理如图 5-4 所示。

2. 两端点温度法

所使用的仪器主要分两部分：

① 两个恒定的温度场即 T_1 与 T_2；

② 石英管膨胀计，结构如图 5-5 所示。

（三）测试要点

1. 连续升温法

① 开启仪器，使仪器预热 20min。

② 测量试样长度 l_0，并安装好。

③ 调整仪器测量变形量与温度的零点。

④ 开始等速升温，记录仪开始描绘 $\mathrm{d}l$-时间，$\mathrm{d}T$-时间曲线，或者描绘 Δl-T 曲线。

⑤ 据曲线计算结果。

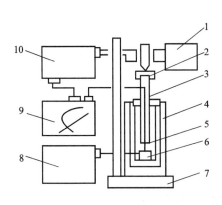

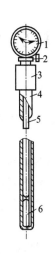

图 5-4 RJF-D 原理图
1—音频信号源；2—负荷；3—压杆；
4—炉子；5—压头；6—试样；7—机架；
8—高低温度程序温度控制器；
9—记录仪；10—形变

图 5-5 石英管立式膨胀剂
1—指示表；2—固定螺丝；3—连接杆；
4—石英管；5—适应内管；6—试样

2. 两端点温度法

① 提供两端点稳定的温度场即 T_1、T_2。

② 测量试样长度。

③ 将试样安装在石英管膨胀计中。

④ 将膨胀计放入 T_1 恒温场稳定至少 30min，调整千分表零点，再将膨胀计小心地移至温度场 T_2，试样发生膨胀，千分表指针不断移动，直到稳定，读下指示值，再将膨胀计移回到恒温场 T_1，观察千分表是否回至零点，如不回至零点需对指示值进行修正，修正办法是将原读数减去回复后的读数的 1/2 作为 Δl。

⑤ 计算结果。

任务实施

高分子材料热稳定性能测试。

将学生分组，分别进行高分子材料尺寸稳定性、负荷下热变形温度、失强温度、线膨胀系数测试。每组派一名同学为代表陈述测定过程、结果，其他小组同学和老师共同评议。

综合评价

序号	考核项目	权重/%	评 分 标 准					合计
			优秀 90～100	良好 80～89	中等 70～79	及格 60～69	不及格 <60	
1	学习态度	10						
2	操作方法	40						
3	结果	20						
4	知识理解及应用能力	10						
5	语言表达能力	5						
6	与人合作	5						
7	环保、安全意识	10						

任务 2　高分子材料特征温度测定

 **任务介绍**

进行高分子材料特征温度测定。

【知识目标】

① 了解高分子材料物理状态及其应用；

② 熟悉高分子材料各种特征温度；

③ 掌握高分子材料特征温度测试方法。

【能力目标】

能进行 PE、PP、PVC 等高分子材料特征温度测定。

【素质目标】

① 培养学生遵规守纪、按章操作的工作作风；

② 锻炼学生组织协调能力，培养其团队合作意识；

③ 培养学生具有环保意识、安全意识、节能降耗意识。

任务分析

随着温度的变化，高聚物可以呈现不同的物理力学状态，在应用上，对材料的耐热性、耐寒性有着重要的意义。高聚物的物理状态不但取决于大分子的化学结构及聚集态结构，而且还与温度有直接关系。本次任务使用热分析仪（DSC）进行高分子材料特征温度测定，理解特征温度与物理状态、应用之间的关系。

相关知识

一、高分子材料的物理状态

热-机械曲线（又称形变-温度曲线），是表示高聚物材料在一定负荷下，形变大小与温度的关系曲线。按高聚物的结构可以分为：线形非晶高聚物形变-温度曲线、结晶态高聚物形变-温度曲线和其他类型的形变-温度曲线三种。

（一）线形非晶态高聚物的物理状态

在匀速升温（1℃/min），每5℃以给定负荷压试样10s，以试样的相对形变对温度作图，

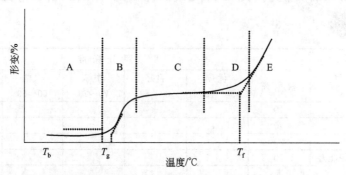

图 5-6　高聚物在定负荷下的形变-温度曲线（定作用速率）

A—玻璃态；B—过渡区；C—高弹态；D—过渡区；E—黏流态；T_b—脆化温度；T_g—玻璃化温度；T_f—黏流温度

即可得到热-机械曲线。典型的非晶态高聚物的形变-温度曲线如图 5-6 所示。随着温度的升高，在一定的作用力下，整个曲线可以分为五个区。各区的特点如下。

A 区：当施加负荷时，相应的形变马上发生，10s 内看不到形变有觉察的增大，形变值较小。这是一般固体的共有性质，内部结构类似玻璃，故称玻璃态。在除去外力后，形变马上消失而恢复原状。这种可逆形变称为普弹性形变。

C 区：当施加负荷时，马上发生部分形变后，随负荷时间增加，形变缓慢增大，形变值明显较 A 区大，但 10s 后的形变值在一定的温度范围内基本相同。此时材料呈现出类似橡胶的弹性，称为高弹态或橡胶态。形变的发生，除了普弹形变外，主要发生了大分子的链段位移（取向）运动。但整个大分子间并未发生相对位移，因此在除去外力后，经过一段时间，形变也可以消除，所以是可逆的弹性形变。这种弹性形变，称为高弹性形变，所谓高弹性，是对普弹性而言的，指在同样的作用力下形变比较大。而且松弛性质较普弹形变明显。

E 区：当施加负荷时，高聚物像黏性液体一样，发生分子黏性流动，呈现出随时间不断增大的形变值。由于发生了大分子间质量重心相对位移，不但形变数值大，而且负荷除去后，形变不能自动全部消除，这种不可逆特性，称为可塑性。此时，高聚物所处的状态，称为黏流态或塑化态。

A、C、E 相应为玻璃态，高弹态，黏流态，统称为物理力学三态。

B 区和 D 区：为过渡区。其性质介于前后两种状态之间。

从 A 区向 C 区转变的温度（通常以切线法求出），玻璃化温度，用 T_g 表示。从 C 区向 E 区转变的温度，称为黏流温度，用 T_f 表示。一般过渡区有 20～30℃ 以上，而确定转折点又有各种不同的方法，所有文献中同一高聚物往往有不同的 T_g 和 T_f 值。

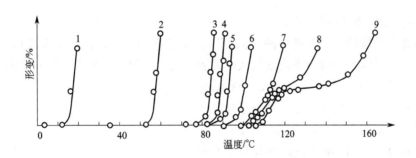

图 5-7　不同相对分子质量的聚苯乙烯的热-机械曲线

相对分子质量依次为：1—360；2—440；3—500；4—1140；5—3000；
6—40000；7—12000；8—550000；9—638000

线形非晶态高聚物的物理力学状态与相对分子质量的关系，也可以在形变-温度曲线上体现出来。如图 5-7 所示的不同相对分子质量的聚苯乙烯的形变-温度曲线，图中前七条曲线说明当平均相对分子质量较低时，链段与整个分子链的运动是相同的，T_g 与 T_f 重合，即无高弹态。这种聚合物称为低聚物。随着平均相对分子质量的增大，出现高弹态，而且 T_g 基本不随平均相对分子质量的增大而增高，但 T_f 却随平均相对分子质量的增大而增高，因此，高弹区随平均相对分子质量的增大而变宽。

非晶态聚合物的物理力学状态与相对分子质量及温度的关系可示意成图 5-7。高弹态与黏流态之间的过渡区，随平均相对分子质量的增大而变宽，这主要是与相对分子质量的分布有关。

线形非晶态高聚物物理力学三态的特性与材料应用的关系如下。

1. 玻璃态

在受外力作用时，一般只发生键长、键角或基团的运动，链段及大分子链的运动均被冻结，具一般固体的普弹性能。但从结构上说，它是液态-过冷液体，具有相当稳定的近程有序。有一定的力学性能，如刚性、硬度、抗张强度等。弹性模量比其他区大，在强力作用下，可以发生强迫高弹形变或发生断裂。不能发生强迫高弹形变的温度上限，称为脆化温度 T_b。在常温下处于玻璃态的高聚物材料，一般作塑料作用。其使用范围一般在 T_b 和 T_g 之间。取向较好的高聚物可作纤维使用。

2. 高弹态

在此状态下，高聚物除具有普弹性能外，还具有高弹性能。在受力作用下，高聚物可以发生链段运动，所以具有较大的形变，但因整个分子不能发生位移，所以在外力除去后，这种形变可以全部恢复。因此可以作高弹性材料使用。其弹性模量比塑料小二个数量级，所以比塑料软。高弹性材料的使用温度范围在 T_g 和 T_f 之间。由此可见，高聚物在常温下处于高弹态的一般都可以作弹性体使用。如各种橡胶及橡皮。

3. 黏流态

此时，在受外力作用下，通过链段的协同运动，可以实现整个大分子的位移，这时的高聚物虽有一定的体积，但无固定的形状，属黏性液体。机械强度极差，稍一受力即可变形，因而有可塑性。常温下处于黏流态的高聚物材料可作胶黏剂、油漆等使用。黏流态在高聚物材料的加工成型中，处于非常重要的地位。其使用温度范围在 T_f 和 T_d（化学分解温度）之间。

（二）结晶态高聚物的物理状态

结晶态高聚物按成型工艺条件的不同可以处于晶态和非晶态。晶态高聚物的形变-温度曲线可以分为一般的和相对分子质量很大的两种情况。一般相对分子质量的晶态高聚物的形变-温度曲线如图 5-8 中的曲线 1 所示。在低温时，晶态高聚物受晶格能的限制，高分子链段不能活动（即使温度高于 T_g），所以形变很小，一直维持到熔点 T_m；这时由于热运动克服了晶格能，高分子突然活动起来，便进入了黏流态，所以 T_m 又是黏性流动温度。如果高聚物的相对分子质量很大，如曲线 2，温度到达 T_m 时，还不能使整个分子发生流动，只能使之发生链段运动，于是进入高弹态，等到温度升高到 T_f 时才进入黏流态。由此可知，一般结晶高聚物只有两态：在 T_m 以下处于晶态，这时与非晶态的玻璃态相似，可以作塑料或纤维使用；在 T_m 以上时处于黏流态，可以进行成型加工。

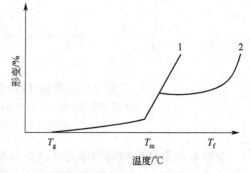

图 5-8　晶态高聚物的形变-温度曲线
1—一般相对分子质量；2—相对分子质量很大

而相对分子质量很大的晶态高聚物则不同，它在温度到达 T_m 时进入高弹态，到 T_f 才进入黏流态。因此，这种高聚物有三种物理力学状态：温度在 T_m 以下时为玻璃态，温度在

T_m 与 T_f 之间时为高弹态，温度在 T_f 以上时为黏流态。这时可以进行成型加工，但由于高弹态一般不便成型加工，而且温度高了又容易分解，使成型产品的质量降低，为此，晶态高聚物的相对分子质量不宜太高。

二、特征温度测定（DSC 法）

（一）玻璃化温度

1. 玻璃化温度的定义及应用

玻璃化温度是高聚物链段运动开始发生（或被冻结）的温度，用 T_g 表示。因此，它是非晶高聚物作为塑料使用时的耐热温度（或最高使用温度）和作为橡胶使用的耐寒温度（或最低使用温度）。

2. 玻璃化温度的测定方法

玻璃化温度测定的主要依据：高聚物在发生玻璃化转变的同时，高聚物的密度、比体积、热膨胀系数、比热容、折光指数等物性参数发生变化，因此，通过相应的实验，对高聚物试样进行测试，就可以测出玻璃化温度值。最常用的方法有：热-机械曲线法、膨胀计法、电性能测试法、差热分析法和动态力学法等。

（二）熔点

1. 熔点的定义与应用

晶态高聚物的熔点是在平衡状态下晶体完全消失的温度。一般用 T_m 表示。对于晶态高聚物的塑料和纤维来说，T_m 是它们的最高使用温度，又是它们的耐热温度，还是这类高聚物成型加工的最低温度。

2. 熔点的测定方法

熔点的测定方法基本上与玻璃化温度的测定方法相同。

（三）黏流温度

1. 黏流温度的定义与应用

黏流温度是非晶态高聚物熔化后发生黏性流动的温度，又是非晶态高聚物从高弹态向黏流态的转变温度，用 T_f 表示。黏流温度是这类高聚物成型加工的最低温度，也是高聚物用作橡胶时的最高使用温度。这类高聚物材料只有当发生黏性流动时，才可能随意改变其形状。因此，黏流温度的高低，对高聚物材料的成型加工有很重要的意义。黏流温度越高越不易加工。

2. 黏流温度的测定方法

黏流温度的测定方法，可以用热-机械曲线、差热分析等方法进行测定。但要注意，黏流温度要作为加工温度的参考温度时，测定时的压力与加工条件越接近越好。

（四）软化温度

软化温度是在某一指定的应力及条件下（如试样的大小、升温速度、施加外力的方式等），高聚物试样达到一定形变数值时的温度，一般用 T_s 表示。它是生产部门产品质量控制、塑料成型加工和应用的一个参数。常见软化温度表示方法有如下几种。

1. 马丁耐热温度

在升温速度为 50℃/h，且平均 10℃/12min 的条件下，以悬臂梁式弯曲力矩为 50kgf/cm² 的弯曲力作用于试样上，当固定于试样上，长 240cm 的横杆顶端指示下降 6cm 时的温度，称为马丁耐热温度。一般用马丁耐热试验箱进行测定。

2. 维卡耐热温度

用面积为 1mm² 的圆柱形压针，垂直插入试样中（试样厚度大于 3mm，长、宽大于 10mm），在液体传热介质中，以（5±0.5）℃/6min 或（12±1）℃/6min 的速度等速升温，并使压入负荷 5kg 或 1kg 的条件下，当圆柱形针压入 1mm 时的温度，称为该材料的维卡软化点（以摄氏温度表示）。

3. 弯曲负荷热变形温度（简称热变形温度）

在液体传热介质中，以（12±1）℃/6min 的速度等速升温的条件下，以简支梁式，在长 120mm、高 15mm、宽 313mm 的长条形试样的中部，施加最大弯曲正应力为 18.5kgf/cm²，或 4.6kgf/cm² 的静弯曲负荷，用试样弯曲变形达到规定值（按试验情况所规定的挠度值）时的温度（℃）表示。

（五）热分解温度

热分解温度是高聚物材料开始发生交联、降解等化学变化的温度，用 T_d 表示。它显示了高聚物材料成型加工不能超过的温度，因此，黏流态的加工区间是在黏流温度与热分解温度之间。有些高聚物的黏流温度与热分解温度很接近，例如聚三氟氯乙烯及聚氯乙烯等，在成型时必须注意，用纯聚氯乙烯树脂成型时，难免发生部分分解或降解，导致树脂变色、解聚或降解。因此，常在聚氯乙烯树脂中加入增塑剂以降低塑化温度，并加入稳定剂以阻止分解，使加工成型得以顺利进行。对绝大部分树脂来说，加入适当的稳定剂，是保证加工质量的一个重要条件。

热分解温度的测定，可采用差热分析、热失重、热-机械曲线等方法。

（六）脆化温度

脆化温度是指材料在受强力作用时，从韧性断裂转为脆性断裂时的温度，用 T_b 表示。但定义的说法较多。

三、高聚物特征温度测定

（一）试验原理

高聚物在发生物理状态转变时，各种物理参数均发生变化，可以用热-机械曲线法、膨胀计法、电性能法、DTA 法、DSC 法等方法进行测定。

DTA 一般用于定性测定转变温度（峰的位置），DSC 宜用于定量工作，且 DSC 的分辨率、重复性、准确性和基线稳定性都比 DTA 好，更适合于有机和高分子物的研究，而 DTA 更多用于矿物、金属等无机材料的分析。典型的 DTA 曲线和 DSC 曲线分别如图 5-9、图 5-10 所示。

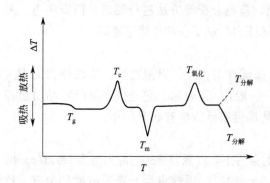

图 5-9 典型的 DTA 曲线

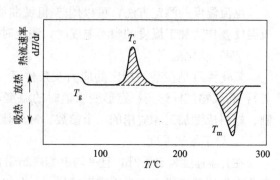

图 5-10 典型的 DSC 曲线

（二）试验操作

本实验使用综合热分析仪，参照 GB/T 19466.3—2004 有关规定进行高聚物熔融温度的测定。

1. 启动前检查

打开主机电源之前需检查各插接线是否正确无误，检查仪器主机与电脑间信号线已连接好，检查仪器冷却水管已连接好。

2. 启动试验机

开启冷却水，使水流畅通，打开仪器主机电源，预热至少 20min，打开电脑双击桌面图标，启动热分析系统软件确认仪器状态正常，软件与主机已正常连接，显示正常连接可以进行下一步试验，如果没有正常连接，关闭试验机主机电源，关闭电脑，检查信号线是否连接正确，确定无误后再次启动主机和电脑。

3. 称量、加入试样

按照试验要求，使用电子天平称取 5~8mg 试样，双手托住电炉的炉体，将炉体升到顶部，然后将炉体向前方转出，注意：炉体向前转出时，不要碰到样品支架。用镊子夹取一个空坩埚置于支架左侧，作参比物；用镊子夹取一个空坩埚，将试样放入坩埚中，将试样坩埚置于支架右侧。双手托住电炉的炉体，将炉体旋回，放下炉体，注意：不要碰到样品支架。

4. 参数设置、采集数据

在热分析系统软件中，点击主菜单"系统选项"按钮，选择"基本参数设定"，进入参数设置画面，选择分析设备类型 SDSC，量程 20，基线位置 10，点击"确认"按钮。点击工具栏"采集"按钮，设置参数，可以设置试样名称、试样重量、操作员名称、试样序号等；设置分段升温参数，初始温度 25℃，终止温度 300℃，升温速度 10℃/min；点击"检查"按钮，检查参数设置，确定无误后，点击"确认"按钮，开始采集数据。

当数据采集程序到达设定时间后，采集程序自动停止，或者点击工具栏"停止"按钮，手动结束采样，保存试验数据。

5. 数据分析

点击"文件"按钮，选择"在新窗口打开"，浏览计算机，选择需要分析的文件，点击"打开"，出现相应实验曲线。

点击"分析"按钮，选择"DSC（或 DTA）"，选择"峰区分析"，软件自动生成一条红色竖线和水平调整光标，用鼠标单击峰前缘平滑处，松开鼠标左键，生成一条平行于 Y 轴的引出线，同理点击峰后缘，完成峰区分析，标示出所选各特征点温度。根据需要，可以将分析数据拖至不同位置，以便显示的更加清楚。分析结束后，根据需要打印分析结果。

6. 关闭仪器

分析结束后，退出热分析软件，关闭计算机。在仪器炉温低于 300℃后，关闭仪器电源，关闭冷却水。

任务实施

高分子材料特征温度测定。

将学生分组，分别进行 PE、PP、PVC、PMMA 等高分子材料特征温度测定。每组派一名同学为代表陈述测定过程、结果，其他小组同学和老师共同评议。

任务实施注意事项：

① 启动仪器前确保已通入冷却水；

② 打开仪器主机电源，预热至少 20min；

③ 试样质量 5~8mg；

④ 升、降炉体时不要碰到样品支架；

⑤ 左边放空坩埚作参比物，右边放试样；

⑥ 在仪器炉温低于 300℃后，关闭仪器电源。

综合评价

序号	考核项目	权重/%	评分标准					合计
			优秀 90~100	良好 80~89	中等 70~79	及格 60~69	不及格 <60	
1	学习态度	10						
2	操作方法	40						
3	结果	20						
4	知识理解及应用能力	10						
5	语言表达能力	5						
6	与人合作	5						
7	环保、安全意识	10						

任务3 高分子材料熔体流动速率的测定

任务介绍

进行高分子材料熔体流动速率的测定。

【知识目标】

① 了解高分子材料熔体流动速率测定原理；

② 掌握高分子材料熔体流动速率测试方法；

③ 了解高分子材料熔体流动速率影响因素。

【能力目标】

能进行 PE、PP 等高分子材料熔体流动速率测定。

【素质目标】

① 培养学生遵规守纪、按章操作的工作作风；

② 锻炼学生组织协调能力，培养其团队合作意识；

③ 培养学生具有环保意识、安全意识、节能降耗意识。

任务分析

塑料熔体流动速率（MFR）又称熔体流动指数（MFI）和熔融指数（MI），该项测定可用于判定热塑性塑料处于熔融状态时的流动性，了解聚合物分子量大小及分子量宽度的分布，了解分子交联的程度，为塑料成型加工选择工艺条件提供依据。本任务使用熔体流动速率仪进行熔体流动速率测定。参照标准 GB/T 3682—1983（热塑性塑料熔体流动速率试验方法）。

 相关知识

一、试验原理

熔体流动速率系指热塑性塑料在一定温度和负荷下，熔体每 10min 通过标准口模的质量，单位为 g/10min。

高聚物熔体黏度和熔体流动速率与高聚物的分子量大小密切相关，一般熔体流动速率越小，平均分子量越高，反之平均分子量越低。LDPE 的熔体流动速率与分子量的关系见表 5-2。

表 5-2　LDPE 的熔体流动速率与分子量的关系

MFR/(g/10min)	170	70	21	6.4	1.8	0.25
M_n	1.9×10^4	2.1×10^4	2.4×10^4	2.8×10^4	3.2×10^4	4.8×10^4

在塑料成型加工过程中，往往通过改变温度和压力来调节塑料熔体的流动性和充模速度。提高熔体温度、提高压力，熔体流动速率都会增加，但不同分子结构的聚合物其流动速率对温度和压力的敏感性不同，因此，熔体流动速率只能表征相同结构聚合物分子量的相对数值，而不能在结构不同的聚合物之间进行比较。该项测试针对各种热塑性塑料，不同类型的聚合物可选择各自的标准条件进行试验。

二、试验设备

试验设备主要包括加热炉、料筒、活塞、负荷、口模等，结构示意如图 5-11 所示，设备如图 5-12 所示。

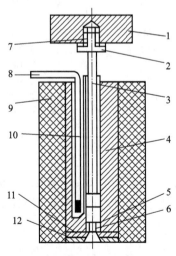

图 5-11　熔体流动速率仪示意图
1—砝码；2—砝码托盘；3—活塞；4—炉体；
5—控温元件；6—标准口；7,9,12—隔热层；
8—温度计；10—料筒；11—托盘

图 5-12　熔体流动速率仪

1. 加热炉

加热炉应有控温装置，保证温度波动在 ±0.5℃ 以内；加热炉还应有温度监测装置，测

温精度为±0.1℃。

2. 料筒

钢制圆筒，内径为 9.550mm±0.025mm，长度为 150～180mm。

3. 活塞

活塞长度不小于料筒长度，活塞杆直径为 9mm，活塞头长度为 6.35mm±0.10mm，其直径比料筒内径均匀地小 0.075mm±0.015mm。在活塞上相距 30mm 处刻有两道环形记号，放入料筒后，下环形记号与料筒口相平时，活塞的底面与标准口模上端相距约 50mm。

4. 标准口模

用碳化钨制成，其外径与料筒内径成间隙配合，内径有 2.095mm±0.005mm 和 1.180mm±0.010mm 两种。

5. 负荷

负荷是活塞杆与砝码质量之和。

三、试验条件

标准试验条件见表 5-3。

表 5-3 标准试验条件

序号	标准口模内径/mm	试验温度/℃	口模系数/g·mm²	负荷/kgf
1	1.180	190	46.6	2.160
2	2.095	190	70	0.325
3	2.095	190	464	2.160
4	2.095	190	1073	5.000
5	2.095	190	2146	10.000
6	2.095	190	4635	21.600
7	2.095	200	1073	5.000
8	2.095	200	2146	10.00
9	2.095	220	2146	10.00
10	2.095	230	70	0.325
11	2.095	230	258	1.200
12	2.095	230	464	2.160
13	2.095	230	815	3.800
14	2.095	230	1073	5.000
15	2.095	275	70	0.325
16	2.095	300	258	1.20

各种塑料试验条件按表 5-3 序号选用：

聚乙烯：1，2，3，4，6；聚甲醛：3；聚苯乙烯：5，7，11，13；ABS：7，9；聚丙烯：12，14；聚酰胺：10，15；聚碳酸酯：16；丙烯酸酯：8，11，13；纤维素酯：2，3。

四、试验步骤及结果计算

（一）试验步骤

① 先将试样进行干燥或真空干燥处理。

② 将仪器调至水平。

③ 仪器需清洁，然后将标准口模放入料筒，插入活塞杆，开始升温，到达所需温度后，恒温至少 15min。

④ 拔出活塞杆，按表 5-4 要求加入试样于料筒中，在 1min 内加完。重新插入活塞杆，

加上负荷或部分负荷。

⑤ 试样经 4min 预热，炉温应恢复到规定温度，用手压使活塞降到下环形标记距料筒口 5~10mm 为止，这个操作的时间不应超过 1min。待活塞下降至下环形标记和料筒口相平时，切除已流出的样条，并按表 5-4 规定的切样时间间隔开始正式切取。保留连续切取的无气泡样条三个。当活塞下降到上环形标记和料筒口相平时，停止切取。

⑥ 样条冷却后，置于天平上，分别称重。

⑦ 若所切样条中的重量的最大值和最小值之差超过其平均值的 10%，则试验重做。

⑧ 每次试验后，必须用纱布擦净标准口模表面、活塞和料筒，模孔用直径合适的黄铜丝或木钉趁热将余料顶出后用纱布擦净。

表 5-4　试样加入量与切样时间间隔

流动速率/(g/10min)	试样加入量/g	切样时间间隔/s
0.1~0.5	3~4	120~240
>0.5~1.0	3~4	60~120
>1.0~3.5	4~5	30~60
>3.5~10	6~8	10~30
>10~25	6~8	5~10

（二）结果计算

熔体流动速率按式(5-9)计算，试验结果取两位有效数字。

$$MFR = \frac{600 \times W}{t} \tag{5-9}$$

式中　MFR——熔体流动速率，g/10min；

　　　W——切取样条质量算术平均值，g；

　　　t——切样时间间隔，s。

五、影响因素

1. 容量效应

测量过程，熔体流速逐渐加大，表现出挤出速率与料筒中熔体高度有关，这可能由于熔体与料筒有黏附力，这种力量阻碍活塞杆下移。为了避免容量效应，应在同一高度截取样条。

2. 温度波动

温度偏高熔体流动速率大，温度偏低则反之。如用 PP 做试验，229.5℃熔体流动速率为 1.83g/10min，230℃则为 1.86g/10min，可见温度波动对测试结果有影响，在测试中要求温度稳定，波动应控制在±0.1℃以内。

3. 聚合物热降解

聚合物在料筒中，受热发生降解，特别是粉状聚合物，由于空气中的氧更加加速热降解效应，使黏度降低，从而加快流动速率。为了减少这种影响，对于粉状试样，尽量压密实，减少空气，同时加入一些热稳定剂。另一方面测试时通入氮气保护，这样可以使热降解减到最小。

任务实施

高分子材料熔融指数测定。

将学生分组，分别进行 PE、PP、PVC、PMMA 等高分子材料熔融指数测定。每组派一名同学为代表陈述测定过程、结果，其他小组同学和老师共同评议。

综合评价

序号	考核项目	权重/%	评分标准					合计
			优秀 90~100	良好 80~89	中等 70~79	及格 60~69	不及格 <60	
1	学习态度	10						
2	操作方法	40						
3	结果	20						
4	知识理解及应用能力	10						
5	语言表达能力	5						
6	与人合作	5						
7	环保、安全意识	10						

任务4 塑料的燃烧性能测试

任务介绍

进行塑料燃烧性能测试。

【知识目标】

① 了解塑料燃烧性能测试原理；

② 掌握塑料燃烧性能测试方法。

【能力目标】

能进行塑料燃烧性能测定。

【素质目标】

① 培养学生遵规守纪、按章操作的工作作风；

② 锻炼学生组织协调能力，培养其团队合作意识；

③ 培养学生具有环保意识、安全意识、节能降耗意识。

任务分析

聚合物在一定温度下被加热分解，产生可燃气体，并在着火温度和存在氧气的条件下开始燃烧。在能充分燃烧区供给可燃气体、氧气和热能的情况下，保持继续燃烧。着火的难易程度和燃烧传播的速度是评价材料燃烧性能的两个重要参数，此外，作为间接的影响，还要考虑燃烧时的发烟、发热、毒性及腐蚀性的影响。

在规定的条件下的材料燃烧试验对比较不同材料的相对燃烧行为、控制制造工艺或评价燃烧特性的变化具有重要意义。燃烧性能的测试可以参照 GB/T 9343—2008（塑料燃烧性能试验方法：闪燃温度和自燃温度的测定）、GBT 2408—2008（塑料燃烧性能的测定 水平法和垂直法）、GB/T 2406.1—2008（塑料用氧指数法测定燃烧行为 第1部分：导则）、GB/T 2406.2—2009（塑料用氧指数法测定燃烧行为 第2部分：室温试验）。

相关知识

一、塑料闪燃温度和自燃温度的测定

塑料的着火特性与塑料的闪燃温度（简称闪点）、自燃温度（简称自燃点）、极限氧浓度有关。

（一）定义

1. 闪燃温度（闪点）

在特定的试验条件下，材料释放出的可燃气体能够被火焰点着，这时试样周围空气的最低温度叫做该材料的闪燃温度，简称闪点。

2. 自燃温度（自燃点）

在特定的试验条件下，无任何火源的情况下发生燃烧或灼热燃烧，这时试样周围空气的最低温度叫做该材料的自燃温度，简称自燃点。

（二）仪器及试样

试验装置为热空气试验炉，主要由一套电加热装置和试样盘组成。

密度大于 $100kg/m^3$ 的试样质量为 $3.0g\pm0.2g$。粒状或粉末状材料，常要加工成型。片状材料切割成正方形，最大尺寸为 $(20\pm2)mm\times(20\pm2)mm$，堆积起来达到试样的质量要求。薄膜材料，卷起一条 $20mm\pm2mm$ 宽的带，长度达到试样的质量要求。

密度小于 $100kg/m^3$ 的泡沫状试样，切除外皮，试样制成 $(20\pm2)mm\times(20\pm2)mm\times(50\pm5)mm$ 的块状。

如果由于试样体积大、质量轻，易受炉中的气流影响而从试样盘中滑落，试样要用一根细的金属丝束缚起来。试样材料量至少能满足两次测试的要求。

试验前，试样按国标 GB/T 2918—1998 中的规定，在温度 23℃±2℃、相对湿度 50%±5% 的条件下放置不少于 40h，或按供需双方商定的条件进行。

（三）试验步骤

1. 闪点的测定步骤

① 打开空气进气阀，将流速调节到 25mm/s，或调节至适当的流量。

② 把试样盘提到炉膛外，装入试样，将热电偶 T_1 安放在试样中心，然后放入炉膛内。

③ 接通加热电源，开动温度控制仪，将炉管温度 T_2 的升温速率控制在 600℃/h（±10%）的范围内。打开燃气阀，点燃点火器。将火焰置于炉盖试样分解气出口上方，距出口端面约 6.5mm。观察试样分解放出的气体被火源点着时 T_2（空气温度）及 T_1（试样温度），若试样温度迅速升高，此时 T_2 指示的就是闪点的第一近似值。

④ 改变空气流速为 50mm/s 和 100mm/s 重复上述操作，分别测出另外二个闪点近似值。

⑤ 选用上述三个测定的闪点近似值中得到最低值时所采用的空气流速，控制空气温度的升温速率为 300℃/h（±10%），重复上述测定操作，测出的 T_2 指示值就是闪点的第二近似值。

⑥ 以此温度值作为温度控制仪 T_2 的设定值，恒定 15min。把试样放入试验炉，点燃点

火器，观察试样释放出的可燃气是否着火。如果着火，把 T_2 指示值调低 10℃重复测定，直至 30min 内不着火。

⑦ 当在 T_2 指示的温度下不发生着火时，在此温度下重复一次试验。重复试验时若着火，则把 T_2 指示值再调低 10℃重复测定。把 T_2 指示的发生着火的最低空气温度作为闪点。

2. 自燃点的测定步骤

① 在不引燃火焰的情况下按照测定闪点所规定的试验步骤操作。

② 在此温度下 10min 内可以观测到火焰燃烧或灼热燃烧，记录此时最低空气温度 T_2，即为该材料的自燃点。

二、塑料水平、垂直燃烧性能的测定

在众多的塑料燃烧性能试验方法中，应用最广泛的是水平燃烧法和垂直燃烧法。按热源不同，塑料水平、垂直燃烧法可分为炽热棒和本生灯两类。在本生灯法中，又有小能量（火焰高度 20~25mm）和中能量（火焰高度约 125mm）两种。

（一）定义

1. 有焰燃烧（余焰）

在规定的试验条件下，移开点火源后，材料火焰（即发光的气相燃烧）持续的燃烧。

2. 有焰燃烧时间（余焰时间）

在规定的试验条件下，移开点火源后，材料持续有焰燃烧的时间。

3. 无焰燃烧（余辉）

在规定的试验条件下，移开点火源后，当有焰燃烧终止或无火焰产生时，材料保持辉光的燃烧。

4. 无焰燃烧时间（余辉时间）

在规定的试验条件下，当有焰燃烧终止或移开火源后，材料持续无焰燃烧的时间。

5. 线性燃烧速度

在规定的试验条件下，单位时间内，燃烧前沿在试样表面长度方向上传播（蔓延）的距离。

6. 自撑材料

具有一定刚性的材料，在规定的试验条件下，水平地夹持住试样一端时，其自由端基本不下垂的材料。

7. 非自撑材料

即柔软性材料，在规定的试验条件下，水平地夹持住试样一端时，其自由端下垂，甚至碰到试样下方 10mm 处水平放置的金属网的材料。

（二）方法原理

将长方形条状试样的一端固定在水平或垂直夹具上，其另一端暴露于规定的试验火焰中。通过测量线性燃烧速率，评价试样的水平燃烧行为；通过测量其余焰和余辉时间、燃烧的范围和燃烧颗粒滴落情况，评价试样的垂直燃烧行为。

（三）仪器及试样

1. 仪器

主要有通风橱、本生灯、计时器、量尺、支撑架等。为了安全和方便，试验应在密闭且装有排风系统的通风橱或通风柜中进行，以排除燃烧时产生的有毒烟气。但在试验过程中应把排风系统关闭，试验完毕再立即启动排烟。按规定，本生灯筒身长 100mm±10mm，内径9.5mm±0.3mm。试验所用的燃料气体为工业级甲烷气，也可采用天然气、液化石油气等可燃气体。

2. 试样

试样可由板材或最终产品切割而成，也可经压制、模塑、注塑等方法制成。进行任何一种切割操作后，要仔细地从表面上去除灰尘和颗粒；切割边缘应精细地砂磨，使其具有平滑的光洁度。对不同颜色、厚度、密度、分子量、各向异性或类别，或含有不同添加剂或填充/增强材料的试样进行试验时，其结果可能不同，不能相互比较。

条状试样尺寸应为：长 125mm±5mm，宽 13.0mm±0.5mm，而厚度通常应提供材料的最小和最大的厚度，但厚度不应超过 13mm。边缘应平滑同时倒角半径不应超过 1.3mm。也可采用有关各方协商一致的其他厚度，不过应该在试验报告中予以注明。水平法最少应制备 6 根试样，垂直法应制备 20 根试样。

（四）试验方法

1. 水平燃烧试验

（1）状态调节

一组三根条状试样，应在 23℃±2℃ 和 50%±5% 相对湿度下至少状态调节 48h。一旦从状态调节箱中移出试样，应在 1h 以内测试试样。所有试样应在 15~35℃ 和 45%~75% 相对湿度的实验室环境中进行试验。

（2）标记试样

测量三根试样，每个试样在垂直于样条纵轴处标记两条线（分别称为第一标线、第二标线），各自离点燃端 25mm±1mm 和 100mm±1mm。

（3）安装试样

在离 25mm 标线最远端夹住试样，使其纵轴近似水平而横轴与水平面方向成 45°±2° 的夹角。在试样的下面夹住一片呈水平状态的金属丝网，试样的下底边与金属丝网间的距离为10mm±1mm，而试样的自由端与金属丝网的自由端对齐。每次试验应清除先前试验遗留在金属丝网上的剩余物或使用新的金属丝网。

安装试样时，如发现试样自由端下垂或不能保持上面规定的 10mm±1mm 的距离时，应使用支撑架。把支撑架放在金属丝网上，使支撑架支撑试样以保持 10mm±1mm 的距离，离试样自由端伸出的支撑架的部分近似 10mm。在试样的夹持端要提供足够的间隙，以使支撑架能沿试样长轴方向朝两边自由移动，随着火焰沿试样向夹持端方向蔓延，支撑架应以同样速度后撤。

（4）点燃本生灯

将燃料气体的气源与本生灯接通，在离试样约 150mm 的地方点燃本生灯，通过调节燃气流量和空气进口阀，使本生灯在灯管为竖直位置时产生 20mm±2mm 高的蓝色火焰。

（5）点燃试样并进行测定

保持本生灯与水平方向约成 45° 角同时斜向试样自由端，把火焰加到试样自由端的底边，此时灯管的中心轴线与试样纵向底边处于同样的垂直平面上。调整本生灯位置，使火焰侵入试样自由端近似 6mm 的长度。共施焰 30s，撤去本生灯。若施焰时间不足 30s，火焰前沿已达到第一标线，则应立即移开本生灯，停止施焰。

停止施焰后，若试样继续燃烧（包括有焰燃烧和无焰燃烧），则记录燃烧前端从第一标线到燃烧终止时的燃烧时间 t 和从第一标线到燃烧终止端的烧损长度 L。若燃烧前端越过第二标线，则记录从第一标线至第二标线间的燃烧所需时间 t，此时烧损长度 L 记为 75mm。

重复上述操作，共试验三根试样。

（6）结果计算

火焰前端通过 100mm 标线时，每根试样的线性燃烧速度 v 由式（5-10）计算：

$$v = \frac{60L}{t} \tag{5-10}$$

式中　v——线性燃烧速率，mm/s；

　　　　L——损坏长度，mm；

　　　　t——燃烧时间，s。

2. 垂直法试验步骤

（1）状态调节

一组五根条状试样，应在 23℃±2℃ 和 50%±5% 相对湿度下至少状态调节 48h。一旦从状态调节箱中移出试样，应在 1h 以内测试试样。

一组五根条状试样，应在 75℃±2℃ 的空气循环烘箱内老化 168h±2h，然后，在干燥试验箱中至少冷却 4h。一旦从干燥试验箱中移出，试样应在 30min 之内试验。

工业层合材料可以在 125℃±2℃ 状态调节 24h。

所有试样应在 15～35℃ 和 45%～75% 相对湿度的实验室环境中进行试验。

（2）试样安装

用支架上的夹具夹住试样上端 6mm，使试样长轴保持垂直，并使试样下端距水平铺置的干燥医用脱脂棉层距离为 300mm±10mm。脱脂棉层尺寸为 50mm×50mm×6mm，其最大质量为 0.08g。

（3）点燃本生灯

与水平法相同。

（4）点燃试样并进行测定

使本生灯灯管的中心轴保持垂直，将火焰中心加到试样底边的中点，同时使喷灯顶端比该点低 10mm±1mm，保持 10s±0.5s，必要时，根据试样长度和位置的变化，在垂直平面移动本生灯。

如果在施加火焰过程中，试样有熔融物或燃烧物滴落，则应将本生灯在试样宽度方向一侧倾斜 45°角，并从试样下方后退足够距离，防止滴落物进入灯管。同时保持试样剩余部分与本生灯管顶面中心距离仍为 10mm±1mm，但呈线状的熔丝可以忽略不计。

对试样施加火焰 10s±0.5s 后，应立即把本生灯撤到离试样至少 150mm 处，同时用秒表或其他计时装置测定试样的有焰燃烧时间 t_1，记录。

当试样的有焰燃烧停止后，立即按上述方法再次对试样施焰 10s±0.5s，并需保持试样余下部分与本生灯口相距 10mm。施焰完毕，立即撤离本生灯，同时测定试样的有焰燃烧时间 t_2 和无焰燃烧时间 t_3。此外，还要记录是否有滴落物是否引燃了脱脂棉，以及有无燃烧蔓延到夹具现象。

重复上述步骤，共测试五根试样。

（5）结果计算

由两种条件处理的各五根试样，采用式（5-11）计算该组的总余焰时间 t_f：

$$t_f = \sum_{i=1}^{5}(t_{1,i} + t_{2,i}) \tag{5-11}$$

式中　t_f——总的余焰时间，s；

　　$t_{1,i}$——第 i 根试样的第一次余焰时间，s；

　　$t_{2,i}$——第 i 根试样的第二次余焰时间，s。

（五）材料分级

1. 水平燃烧试验

根据下面给出的判据，应将材料分成 HB、HB40 和 HB75（HB=水平燃烧）级。

（1）HB 级材料应符合下列判据之一

① 移去引燃源后，材料没有可见的有焰燃烧；

② 在引燃源移去后，试样出现连续的有焰燃烧，但火焰前端未超过 100mm 标线；

③ 如果火焰前端超过 100mm 标线，但厚度 3.0～13.0mm、$v \leqslant 40mm/min$，或厚度小于 3.0mm 时未超过 75mm/min；

④ 如果试验的厚度为 3.0mm±0.2mm 的试样，其线性燃烧速率未超过 40mm/min，那么降至 1.5mm 最小厚度时，就应自动地接受为该级。

（2）HB40 级材料应符合下列判据之一

① 移去引燃源后，没有可见的有焰燃烧；

② 移去引燃源后，试样持续有焰燃烧，但火焰前端未达到 100mm 标线；

③ 如果火焰前端超过 100mm 标线，线性燃烧速率不超过 40mm/min。

④ HB75 级材料，如果火焰前端超过 100mm 标线，线性燃烧速率不应超过 75mm/min。

2. 垂直燃烧试验

根据试样的行为，按照表 5-5 的判据，将材料分为 V-0、V-1 和 V-2 级（V=垂直燃烧）。

表 5-5　垂直燃烧级别

判　　据	级　　别		
	V-0	V-1	V-2
单个试样余焰时间（t_1 和 t_2）	$\leqslant 10s$	$\leqslant 30s$	$\leqslant 30s$
任一状态调节的一组试样总的余焰时间 t_f	$\leqslant 50s$	$\leqslant 250s$	$\leqslant 250s$
第二次施加火焰后单个试样的余焰加上余辉时间（t_2+t_3）	$\leqslant 30s$	$\leqslant 60s$	$\leqslant 60s$
余焰和（或）余辉是否蔓延至夹具	否	否	否
火焰颗粒或滴落物是否引燃棉垫	否	否	是

注：如果试验结果不符合规定的判据，材料不能使用本试验方法分级。可采用水平燃烧试验方法对材料的燃烧行为分级。

三、塑料氧指数的测定

塑料的点燃性是指其被点燃或开始燃烧的难易程度。评价塑料点燃性的主要指标为骤燃温度、点着温度和氧指数。

塑料氧指数测定可参照 GB/T 2406.2—2009（塑料用氧指数法测定燃烧行为 第 2 部分：室温试验）。本标准规定了在规定的试验条件下，在氧、氮混合气流中，测定刚好维持试样燃烧所需的最低氧浓度（氧指数）的试验方法。本标准适用于评定均质固体材料、层压材料、泡沫材料、软片和薄膜材料等在规定试验条件下的燃烧性能，其结果不能用于评定材料在实际使用条件下着火的危险性。本方法不适用于评定受热后呈高收缩率的材料。

（一）定义

氧指数：通入 23℃±2℃ 的氧、氮混合气体时，刚好维持材料燃烧的最小氧浓度，以体积分数表示。

（二）原理

将试样直接固定在燃烧筒中，使氧、氮混合气流由下向上流过，点燃试样顶端，同时记录试样连续燃烧时间或试样燃烧长度，与所规定的判据据相比较。在不同的氧浓度中试验一系列试样，测定塑料刚维持平稳燃烧时的最低氧浓度，用混合气中氧含量的体积百分数表示。

（三）试验设备

试验设备为氧指数仪，由燃烧筒、试样夹、流量控制系统、点火器等组成。

1. 燃烧筒

内径 75～100mm，高 500mm±50mm 的耐热玻璃管，直接固定在可通过含氧混合气流的基座上。底部用直径为 3～5mm 的玻璃珠充填，充填高度为 80～100mm。在玻璃珠上方装有金属网，防止燃烧杂物堵住气体入口和配气通路。

2. 试样夹

用于燃烧筒中央垂直支撑试样。对于自撑材料，夹持处离开判断试样可能燃烧到的最近点至少 15mm。对于薄膜和薄片，由两垂直边框支撑试样，离边框顶端 20mm 和 100mm 处划标线。夹具和支撑边框应平滑，以使上升气流受到的干扰最小。

3. 气源

可采用纯度（质量分数）不低于 98％ 的氧气和/或氮气，和/或清洁的空气（含氧气体积分数 20.9％）作为气源，含湿量应小于 0.1％（质量分数）。

4. 流量测量和控制系统

能测量进入燃烧筒的气体氧浓度（体积分数），准确至±5％，至少 2 年校准一次。

5. 点火器

由一根末端直径为 2mm±1mm、能插入燃烧筒并喷出火焰点燃试样的金属管制成。火焰的燃料为未混有空气的丙烷。点燃后，当喷嘴直向下时，火焰的长度为 16mm±4mm。

6. 排烟系统

能排除燃烧筒内产生的烟尘和灰粒，但不能影响燃烧筒中温度和气体流速。

7. 计时器

测量时间可达 5min，准确度±0.5s。

（四）试样

按材料标准的有关规定或按 GB/T 2828.1—2003、GB/T 5471—2008 等有关标准，模塑或切割试样最适宜的样条形状、尺寸见表 5-6，每组试样至少 15 根。不同形式不同厚度的试样，测试结果不可比。试样表面清洁，无影响燃烧行为的缺陷，如模塑飞边或机加工的毛刺等。

表 5-6 试样尺寸

材料类型	试样形状	尺 寸			用 途
		长/mm	宽/mm	厚/mm	
自撑材料	Ⅰ	80~150	10±0.5	4±0.25	用于模塑材料
	Ⅱ	80~150	10	10±0.5	用于泡沫材料
	Ⅲ	80~150	10±0.5	≤10.5	用于片材"接收状态"
	Ⅳ	70~150	6.5±0.5	3±0.25	电器用自撑模塑材料或板材
非自撑材料	Ⅴ	140	52±0.5	≤10.5	用于软膜或软片
缠绕后能自撑的薄膜	Ⅵ	140~200	20	0.02~0.10	用于能用规定的杆缠绕"接收状态"的薄膜

除非另有规定，否则每个试样试验前应在温度 23℃±2℃ 和湿度 50%±5% 条件下至少调节 88h。

（五）试验程序

1. 设备和试样的安装

① 试验装置应放置在温度 23℃±2℃ 的环境中，必要时将试样放在 23℃±2℃ 和 50%±5% 的密闭容器中，当需要时从容器中取出。

② 选择起始氧浓度，根据经验或试样在空气中点燃的情况，估计开始试验时的氧浓度。如在空气中迅速燃烧，选择起始氧浓度为 18% 左右（体积分数）；如果试样缓慢燃烧或时断时续，则为 21% 左右；如果试样在空气中不连续燃烧，则至少为 25%。

③ 将试样夹在夹具上，垂直安装在燃烧筒的中心位置上，保证试样顶端低于燃烧筒顶口至少 100mm，同时试样最低点的其暴露部分要高于燃烧筒基座的气体分散装置的顶面 100mm。

④ 调节气体控制装置，使氧/氮气体在 23℃±2℃ 下混合，氧浓度达到设定值，并以 40mm/s±2mm/s 的速度通过燃烧筒。在点燃试样前至少用混合气体冲洗燃烧筒 30s，确保点燃及试样燃烧期间气体流速不变。

2. 点燃试样

（1）方法 A——顶端点燃法

顶面点燃是在试样顶面使用点火器点燃。

施加火焰 30s，每隔 5s 移开一次，移开时恰好有足够时间观察试样的整个顶面是否处于燃烧状态。在每增加 5s 后，观察整个试样顶面持续燃烧，立即移开点火器，此时试样被点燃并开始记录燃烧时间和观察燃烧长度。

（2）方法 B——扩散点燃法

扩散点燃法是使点火器产生的火焰通过顶面下移到试样的垂直面。

下移点火器把可见火焰施加于试样顶面并下移到垂直面近 6mm。连续施加火焰 30s，包括每 5s 检查试样的燃烧中断情况，直到垂直面处于稳态燃烧或可见燃烧部分达到支持框架的上标线为止。如果使用 Ⅰ、Ⅱ、Ⅲ、Ⅳ 和 Ⅵ 型试样，则燃烧部分达到试样的上标线为止。为了测量燃烧时间和燃烧的长度，当燃烧部分达到上标线时，就认为试样被点燃。

一般 Ⅰ、Ⅱ、Ⅲ、Ⅳ 和 Ⅵ 型试样使用方法 A，Ⅴ 型试样使用方法 B。试验的氧浓度在等于或接近材料氧指数值表现稳态燃烧和燃烧扩散时，或厚度≤3mm 的自撑试样，方法 B 可用于 Ⅰ、Ⅱ、Ⅲ、Ⅳ 和 Ⅵ 型试样。

3. 燃烧行为的评价

点燃试样后，立即开始计时，观察试样燃烧长度及燃烧行为。若燃烧中止，但在 1s 内又自发再燃，则继续观察和计时。如果试样的燃烧时间或燃烧长度均不超过 5-7 的规定，则这次试验记录为"○"反应，并记下燃烧长度或时间。如果燃烧长度或燃烧时间任何一个超过表 5-8 的规定，记录这次度验为"×"反应，还要记下材料燃烧特性，如滴落、焦烱、不稳定燃烧、灼热燃烧或余辉。如果有无焰燃烧，应根据需要，报告无焰燃烧情况或包括无焰燃烧时的氧指数。

移出试样，清洁燃烧筒及点火器。使燃烧筒温度回到 23℃±2℃，或用另一个燃烧筒代替，进行下一个试验。如果试样足够长，可以将试样倒过来或剪掉燃烧过的部分再用。但不能用于计算氧浓度。

表 5-7　氧指数测量的判据

试样型式	点燃方式	判据（二选一）	
		点燃后的燃烧时间/s	燃烧长度
Ⅰ、Ⅱ、Ⅲ、Ⅳ和Ⅵ	A法	180	试样顶端以下 50mm
	B法	180	上标线以下 50mm
Ⅴ	B法	180	上标线（框架上）以下 80mm

4. 逐步选择氧浓度

采用"少量样品升降法"，利用特定条件，以任意步长作为改变量，按前面所述的步骤，进行一组试样的试验。

① 如果前一条试样的燃烧行为是"×"反应，则降低氧浓度。

② 如果前一条试样的燃烧行为是"○"反应，则增大氧浓度。

5. 初始氧浓度的确定

采用任意合适的步长，重复上述实验步骤，直到氧浓度（体积分数）之差≤1.0%，且一次是"○"反应，一次是"×"反应为止。将这组氧浓度中的"○"反应，记作初始氧浓度 c_0。

应注意，这两个相差≤1.0%的相反结果，不一定从连续试验的试样中得到。另外，"○"反应的氧浓度不一定比"×"反应的氧浓度低。

6. 氧浓度的改变

再一次用初始氧浓度 c_0 重复试验操作，记录 c_0 值及所对应的"×"或"○"反应，作为 N_L 和 N_T 系列的第一个值。

用混合气体积的 0.2%（体积分数）为浓度改变测量步长 d，重复试验操作，测得一组氧浓度值及所对应的反应，直至得到不同于用 c_0 所得的反应为止。记下这些氧浓度值及其对应的反应，即为 N_L 系列。

保持 $d=0.2%$（体积分数），再测四个以上的试样，记下每个试样的氧浓度 c_0 及各自对应的反应，最后一个试样的氧浓度用 c_f 表示。这四个结果加上反应不同于 c_0 结果的那个一起，构成 N_T 系列的其余结果，即：$N_T = N_L + 5$。

（六）结果的计算

1. 氧指数的计算

以体积百分数表示的氧指数 OI，按式（5-12）计算：

$$OI = c_f + kd \qquad (5\text{-}12)$$

式中　OI——氧指数，%；

c_f——N_T系列中最后氧浓度值，以体积分数表示（%），取一位小数；

d——使用和控制的氧浓度差值，即步长，以体积分数表示（%），取一位小数；

k——查表所得的系数。

报告 OI 时，取一位小数。

2. k 值的确定

k 的数值和符号取决于试样反应类型，可由表 5-8 按下述方法确定：

① 如果初始氧浓度 c_0 再次试验的结果为"〇"反应，则第一个相反的反应便是"×"反应。从表 5-8 中第一栏，找出与最后四次试验结果相一致的那一行，找出 N_T 系列中"〇"反应的数目，查出所对应的栏，即可得到所需的 k 值，其正负号与表中符号相同。

② 与上述相反，如果初始氧浓度 c_0 再次试验的结果为"×"反应，则第一个相反的反应便是"〇"反应。从表 5-8 中第六栏，找出与最后四次试验结果相一致的那一行，找出 N_T 系列的前几个反应中"×"反应的数目，查出所对应的栏，即可得到所需的 k 值，但此时的正负号与表中符号相反。

表 5-8　计算氧指数时所需 k 值

1	2	3	4	5	6
最后五次测定的反应	N_L前几次测量反应如下时的 k 值				
	〇	〇〇	〇〇〇	〇〇〇〇	
×〇〇〇〇	−0.55	−0.55	−0.55	−0.55	〇××××
×〇〇〇×	−1.25	−1.25	−1.25	−1.25	〇×××〇
×〇〇×〇	0.37	0.38	0.38	0.38	〇××〇×
×〇〇××	−0.17	−0.14	−0.14	−0.14	〇××〇〇
×〇×〇〇	0.02	0.04	0.04	0.04	〇×〇××
×〇〇〇×	−0.50	−0.46	−0.45	−0.45	〇×〇×〇
×〇××〇	1.17	1.24	1.25	1.25	〇×〇〇×
×〇×××	0.61	0.73	0.76	0.76	〇×〇〇〇
××〇〇〇	−0.30	−0.27	−0.26	−0.26	〇〇×××
××〇〇×	−0.83	−0.76	−0.75	−0.75	〇〇××〇
××〇×〇	0.83	0.94	0.95	0.95	〇〇×〇×
××〇××	0.30	0.46	0.50	0.50	〇〇×〇〇
×××〇〇	0.50	0.65	0.68	0.68	〇〇〇××
×××〇×	−0.04	0.19	0.24	0.25	〇〇〇×〇
××××〇	1.60	1.92	2.00	2.01	〇〇〇〇×
×××××	0.89	1.33	1.47	1.50	〇〇〇〇〇
	N_L前几次测试反应如下时的 k 值				最后五次测定的反应
	×	××	×××	××××	

任务实施

塑料燃烧性能测定。

将学生分组，分别进行塑料燃烧性能测定。每组派一名同学为代表陈述测定过程、结果，其他小组同学和老师共同评议。

综合评价

序号	考核项目	权重 /%	评分标准					合计
			优秀 90~100	良好 80~89	中等 70~79	及格 60~69	不及格 <60	
1	学习态度	10						
2	操作方法	40						
3	结果	20						
4	知识理解及应用能力	10						
5	语言表达能力	5						
6	与人合作	5						
7	环保、安全意识	10						

学习情境六

高分子材料的老化性能检测

任务 1　高分子材料自然老化试验

任务介绍

进行高分子材料自然老化试验。

【知识目标】

① 了解高分子材料自然老化原理；

② 熟悉塑料大气暴露试验方法；

③ 熟悉硫化橡胶自然贮存老化试验方法。

【能力目标】

能进行 PE 大气暴露试验、NR 自然贮存老化试验。

【素质目标】

① 培养学生遵规守纪、按章操作的工作作风；

② 锻炼学生组织协调能力，培养其团队合作意识；

③ 培养学生具有环保意识、安全意识、节能降耗意识。

任务分析

　　高分子材料在长期使用过程中与自然环境接触，会出现发黄、变黏、变脆等现象，使材料某些性能下降甚至丧失使用价值，这就是材料的老化现象。研究材料老化后性能变化以及外界条件对老化过程的影响，对于材料防老化过程有实际指导意义，所以需要进行高分子材料老化性能测试。

　　自然大气老化（暴露）试验是研究塑料及橡胶受自然气候作用的老化试验方法。它是将试样暴露于户外气候环境中受各种气候因素综合作用的老化试验，目的是评价试样经过规定的暴露阶段后所产生的变化。它适用于各种塑料橡胶材料、产品。大气老化试验比较近似于材料的实际使用环境情况，对材料的耐候性评价是较为可靠的。我国老化性能测试可以参照标准 GB/T 3681—2000（塑料大气暴露试验方法），GB/T 13938—1992（硫化橡胶自然贮存老化试验方法）。

相关知识

一、塑料大气暴露试验

（一）定义

1. 塑料自然气候老化

是将塑料材料安装在固定角度或随季节变化角度的试验架上，在自然环境中长期暴露，这种暴露通常用来评定环境因素对材料各种性能的作用。

2. 直接（光束）太阳光辐射

从以太阳为中心的一个小的立体角投射到与该立体角的轴线相垂直的平面上的太阳光通量，通常规定直接辐射的平面角约为6°。

3. 直射日射表

用于测量投射到与日光光线垂直的平面上的直接（光束）太阳光辐射的辐射计。

4. 总日射表

用于测量单位时间内直接照射到单位面积上的总日光能量的辐射计，所测量的能量包括直接辐射、散射能量及背景反射的辐射能。

（二）试验原理

将试样或能够由其切取试样的片材或其他形状的材料作为样品，按规定暴露于自然日光下，在经规定暴露阶段后，将试样从暴露架上取下，测定其光学、力学及其他有效性能的变化。暴露阶段可以用时间间隔表示，也可用太阳辐射量或太阳紫外辐射量表示。当暴露的主要目的是测定耐光老化性能时，用辐射量表示是较好的选择。

（三）试验装置

1. 暴露试验设备

由一个适当的试验架组成。框架、支持架和其他夹持装置应用不影响试验结果的惰性材料制成，如耐腐蚀的铝合金、不锈钢或陶瓷，还可使用防腐蚀剂（如铜-铬-砷混合物）浸渍过的木材或那些已证明不影响暴露试验的木材。

在装配时，使用的框架应能安装成所规定的倾斜角，并且试样的任何部分离地面或其他任何障碍物的距离都不小于0.5m。试样可以直接装在框架上，或先装在支持架上再固定在框架上。固定装置应尽可能使试样处于小的应力状态，并让试样能自由收缩、翘曲和扩张。

2. 测量气象因素的仪器

（1）总日射表

应达到或超过世界气象组织（WMO）规定的二级仪器的要求。

（2）直射日射表

应达到或超过世界气象组织（WMO）规定的一级仪器的要求。

（3）紫外总日射表

应有一光谱通带，该通带的最大吸收位于300～400nm波段区域的辐射，并应作余弦校正，以包括紫外天空辐射。

（4）窄谱带紫外日射表

当用于确定暴露阶段时，窄谱带紫外日射表应该作余弦校正并且要求每年校准一次，如果需要保证仪器常数的稳定性则应经常校准。

日射表应与日射记录仪（包括积分器）配合使用.

（5）日晒牢度蓝色羊毛标准

当用于确定暴露阶段时，应按照GB/T 8426的规定使用。

（6）其他气象测定仪

测定空气温度、样品温度、相对湿度、降雨、潮湿时间和光照时数所需的仪器应该适合于暴露试验方法并经有关方面协商同意。

（四）试样

可用一块薄片或其他形状的样品进行暴露，在暴露后从样品上切取试样，试样的尺寸应符合所用试验方法的规定或暴露后所要测定的一种或多种性能规范的规定。所用的制样方法应与所测材料的加工方法接近，试样的制备要符合 GB/T 9352、GB/T 11997、GB/T 17037.1 和 ISO 2557-1 的规定，还应根据要求做状态调节。试样数量的确定应根据达到暴露后作相应的试验方法所规定的数量。

（五）试验条件

1. 暴露方法

暴露方向应面向正南固定，并且根据暴露试验的目的按下列条件之一选择与水平面形成的倾斜角。

① 为得到最大的年总太阳辐射，在我国北方中纬度地区，与水平面形成的倾斜角应比纬度角小 10°。

② 为得到最大年紫外太阳辐射的暴露，在北纬 40°以南地区，与水平面形成的倾斜角应为 5°～10°。

③ 与水平面成 10°和 90°之间的任何其他特定的角度。

2. 暴露地点

暴露试验地点应在远离树木和建筑物的空地上，对于朝南 45°倾斜角的暴露，在东、西、南方向仰角大于 20°及在北方仰角大于 45°范围内没有任何的障碍物。对于小于 30°倾斜角的暴露，则在北方向大于 20°的仰角范围内不应有任何障碍物。除非应用条件有其他要求，推荐保持自然土壤覆盖，有植物生长的应经常将植物割短。

此外，对于某些应用，可能需要暴露于包括丛林或森林的阴暗地区，以评价生物生长、白蚁和腐烂草木的影响，选择时要注意确保阴暗地点真实代表了整个试验环境，暴露设施和通道不会显著影响或改变暴露地点环境。

3. 暴露阶段

不论暴露试验地点如何，试样经相同暴露阶段后不一定会产生相同的变化。所规定的暴露阶段仅被看作该暴露所引起的材料性能变化程度的一种表示。通常认为暴露结果与暴露地点的特征有关。

试验期限应根据试验目的、要求和结果而定，通常在暴露前应先预估计试样的老化寿命而预定试验周期，一般暴露阶段应使用从下面选择出的暴露期。

月：1、3、6、9；

年：1、1.5、2、3、4、6。

（六）试验步骤

1. 样品安置一般程序

用惰性材料的夹持装置把试样装在框架上或者装在支持架上，确保连接件之间和样品板条之间有足够的空间，以便为暴露后的光学测试和机械测试留出一个足够尺寸的未遮盖的测试区，确保用于机械测试的试样按其形状的不同加以固定，确保不会因固定方法而对试样施加应力。

在每个试样的背面作不易消除的记号以示区别，但要避免记号划在可能影响机械测试结果的部位。

2. 辐射仪和标准材料的安置

应安置在样品暴露试验架的附近，蓝色羊毛标准要靠近试样。

3. 气象的观察

记录所有的气象条件和会影响试验结果的变化。

4. 试样的暴露

除非应用规范有要求，在暴露期间不应清洗试样，如需清洗要用蒸馏水或等纯度的水清洗。应定期检查和保养暴露地点，以便记录试样的一般状态。

5. 性能变化的测定

试样经过一个或多个暴露阶段后，取下，按适当的测试方法测定外观、颜色、光泽和力学性能的变化，测试时要在状态调节要求的期间尽快进行测试，并记录暴露终止和测试开始之间的时间间隔。

（七）试验结果的表示

1. 性能变化的测定

按国家标准的程序和试验方法测定所需的性能变化，见 GB/T 15596。

2. 气候条件

（1）气候的分类

我国气候分成六种类型，见表 6-1。

表 6-1 我国的主要气候类型

气候类型	特 征	地 区
热带气候	气候炎热，湿度大；年太阳辐射总量 5400～5800MJ/m²；年积温≥8000℃；年降水量＞1500mm	雷州半岛以南、海南岛、台湾南部等地
亚热带气候	湿热程度亚于热带，阴雨天多；年太阳辐射总量 3300～5000MJ/m²；年积温 8000～4500℃；年降水量 1000～1500mm	长江流域以南、四川盆地、台湾北部等地
温带气候	气候温和，没有湿热月；年太阳辐射总量 4600～5800MJ/m²；年积温 4500～1600℃；降水量 600～700mm	秦岭、淮河以北，黄河流域，东北南部等地
寒温带气候	气候寒冷，冬季长；年太阳辐射总量 4600～5800MJ/m²；年积温＜1600℃；年降水量 400～600mm	东北北部、内蒙古北部、新疆北部部分地区
高原气候	气候变化大，气压低，紫外辐射强烈；年太阳辐射总量 6700～9200MJ/m²；年积温＜2000℃；年降水量＜400mm	青海、西藏等地
沙漠气候	气候极端干燥，风沙大，夏热冬冷，温差大；年太阳辐射总量 6300～6700MJ/m²；年积温＜4000℃；年降水量＜100mm	新疆南部塔里木盆地、内蒙西部等沙漠地区

（2）气候的观察

① 温度。日最高温度的月平均值、日最低温度的月平均值、月最高温度和月最低温度。

② 相对湿度。日最大相对湿度的月平均值、日最小相对湿度的月平均值、月变化范围。

③ 暴露阶段程度（数值）。经过时间（月、年）；太阳辐射总暴露量，J/m²。

④ 雨量。月总降雨量，mm；凝露而成的月总潮湿时间，h；降雨而成的月总潮湿时间，h。

⑤ 潮湿时间。日潮湿时间百分率的月平均值、日潮湿时间百分率的月变化范围。

（八）影响因素

1. 暴露场地气候区域

不同的气候类型，暴露场地不同的纬度、经度、高度，测试结果是不同的。为了得到可靠的数据、自然老化试验应尽可能选与使用条件接近的场地进行，需要时应在各种不同气候环境地区的场地进行。

2. 开始暴露季节与暴露角

气候随季节变化很大，少于一年的暴露实验，其结果取决于这一年进行暴露的季节，较长的暴露阶段，季节的影响较小了，但试验结果仍取决于开始暴露的季节。在暴露时采用的角度不同，所受的太阳辐射的量也会有所不同。

3. 使用的蓝色羊毛标准测量光能量

蓝色羊毛标准由纺织物试验发展而来，但塑料比常规的纺织物光加速试验需更长暴露时间，并且蓝色羊毛标准和塑料对光敏感性存在差异，因此蓝色羊毛标准在塑料测试上就有相对误差。

4. 测试性能

测试性能不同，所测出的耐候性结果对同一品种塑料也是不同的，因此要按选定的每项性能指标和每一个暴露角来确定耐候性。

另外，样品的制备方式及暴露时间也对测试结果有影响。

二、硫化橡胶自然贮存老化试验

（一）试验原理及目的

硫化橡胶自然贮存老化试验，是将硫化橡胶试样置于贮存室或仓库内，经受自然气候或介质等因素的作用，观测试样性能随时间而发生的变化，从而评价橡胶耐贮存老化的性能。

试验有以下几个目的：

① 评定硫化橡胶的自然贮存稳定性或贮存期限；

② 寻求合理的贮存条件和方法，延长硫化橡胶的贮存期限；

③ 实际验证硫化橡胶贮存期快速测定方法的可靠性。

（二）试验设施和装置

试验的基本设施是根据试验目的和要求而建立的贮存室。贮存室可用砖瓦、木材或钢筋混凝土等建造。一般有如下两种形式。

1. 相似于仓库的贮存室

此贮存室主要用于上述的①、③条试验目的。如有挥发污染性的试样需分开贮存时，则贮存室内应建立若干小室。

2. 可控制温度和湿度或模拟其他贮存条件的贮存室

此贮存室主要用于上述的②、③条试验目的。

贮存室内设置试样贮存架或贮存柜。这些架或柜可根据试验要求用木材或金属制成多层的形式。室内需设置温度计、湿度计，以便记录室内的空气温度和相对湿度。必要时，还需设置气体检测仪器，用以检测室内有害气体的成分，为分析试验结果提供参考。

任何接触试样的装置都不应采用对橡胶有害的金属（如铜、锰、铁）和材料（如有污染物的塑料等）制造。如需采用这些有害的金属和材料的制品，应预先将其表面用无害的防护层加以隔离。

（三）试样

试样可以是样品或制品，应根据试验目的来确定。如无具体规定，一般采用检测性能所要求的试样。试样的制备应符合 GB 9865 的有关规定。

试样的形状规格应根据评价指标和相应的测试标准的要求来选取。如评价拉伸性能变化的试样，可以采用哑铃形式试样，也允许采用可裁成哑铃形的其他形状的试样。哑铃形试样的规格应符合 GB/T 528 有关规定。

不同规格试样的试验结果不能相互比较。试样的数量可根据试验项目和测试周期及相应标准的要求而定，最好增加一些备用试样。

（四）试验环境和贮存条件

① 试验应选择在能代表某类气候特征的地区或近似于实际贮存的环境中进行。

② 根据实际要求，试样可处于以下的状态下进行贮存试验：

a. 自由状态；

b. 应变状态；

c. 装配状态；

d. 其他状态。

如无具体规定，试样一般采取自由状态进行试验。

③ 根据实际情况，试样可处于以下的方式进行贮存试验：

a. 裸露于空气中；

b. 用规定的材料包裹；

c. 用规定的材料或容器密封包装；

d. 置于规定的介质（如油、水、气等）中；

e. 其他方式。

如无具体规定，试样一般采用裸露于空气中的方式进行试验。

④ 温度。

贮存试验的温度一般应为当地的自然环境温度。除非试验要求，贮存室内不应装置热源，不应使室内的温度超过自然环境温度。可控温度的贮存室，应按试验要求进行调控。

⑤ 湿度。

贮存试验的相对湿度一般应为当地空气的相对湿度。除非试验要求，贮存室内不应积水，不应使室内的湿度经常大于自然空气的湿度。可控相对湿度的贮存室，应按试验要求进行调控。

⑥ 光。

除非试验要求，试样不应受到阳光或紫外线的强光照射。贮存室的窗户最好用不透光的涂层或帘幕遮蔽。也可以根据需要，采用百叶窗挡光或间歇使用白炽灯照明。

⑦ 空气和臭氧。

除特别规定，贮存室内不能人工吹风或排气，防止空气在试样周围剧烈流动。室内可采用百叶窗等不影响试验的装置通气。除非试验要求，贮存室内不应有任何能够产生臭氧的物质或装置，如有机物蒸气和燃烧气体，又如开亮的荧光灯和水银蒸气灯，或开动的电动机、高压电器和其他可以产生火花或无声放电的装置。

⑧ 应力应变。

除非模拟试验，试样不应受外加应力应变的作用，一般应在自由状态下进行贮存试验。如果应变不可避免，则应使其应变尽可能地减小。

⑨ 其他。

除非模拟试验，试样不允许与液体或半固体物质，如溶剂、挥发性物质、油类和润滑脂类等相接触，室内也不应放置不密封的溶剂和挥发性物质。除非不可避免，试样不应与铜、锰、铁等有害金属的制品直接接触，如果采用这些金属的制品来装置试样时，应采用对试样无害的涂层或薄膜加以隔离。试样表面不应撒布含有对橡胶有害的隔离粉。不同胶种和配方的试样不得互相接触。任何贮存装置、容器、包装材料和覆盖材料，都不允许含有对橡胶有害的成分。

（五）试验步骤

1. 试样的安装

根据试验目的，先使试样处于所要求的状态或处于所要求的贮存方式，然后将其垂直或水平地安置于贮存架上或贮存柜内。

自由状态下贮存的试样应让其自由地垂直悬挂或水平放置。可用对试样无害的钉、夹具或绳线等固定。应变状态下贮存的试样，采用所要求的应变装置，使试样在应力作用下呈拉伸，或压缩，或弯曲等变形状态下安装。装配状态下贮存的试样，应将试样连同整个装置进行试验。

2. 状态调节

试样投试前和性能检测前，应先在无光照的标准气候环境中进行调节，时间不超过96h。标准气候条件应为温度 23℃±2℃、相对湿度 45%～55%、气压 86～106kPa。

3. 试样贮存

试样存放时，离地面、棚顶和边墙的距离不应小于 0.5m。

4. 状态调节

试验到期后，将试样从贮存室中取出，根据性能测试标准要求的状态按第 2 步的规定进行状态调节。

5. 性能测试

试样经状态调节后，按测试标准的要求进行性能检测。检测完毕，如非破坏性试样需继续试验，则应将试样按原地、原样继续进行贮存，直至试验结束。

（六）试验期限和检测周期

试样的贮存试验期限和检测周期，应根据试样的耐老化程度和性能变化情况来确定。试样的贮存期限，一般不少于 2 年。试样的检测周期，一般每年不少于 2 次。在试验期间，如试样的性能值降低至 50% 以下或达到规定的临界值时，可酌情提前结束试验。当试验到期后，如试样的性能值仍保持 90% 以上或未达到规定的临界值时，可适当延长试验期限。

（七）试验结果

试验结果可用试样贮存试验后检测的性能变化数据或计算出性能变化率来表示。

试样老化性能变化率按下式计算：

$$P = \frac{A-O}{O} \times 100 \qquad (6-1)$$

式中 P——试样的老化性能变化率，%；

$\quad\quad O$——试样老化前性能的测试值；

$\quad\quad A$——试样老化后性能的测试值。

（八）影响因素

1. 贮存室及贮存地气候类型

贮存室的大小及贮存室的通风情况对测试结果有影响，强的空气对流能提高老化速度。贮存室内不能强制吹风或排气，但也不能无空气流通，应使贮存室的温度和湿度与当地自然环境一致。

室内的照明应严格按照测试要求的条件，需在室内设置气体检测器，为分析试验结果提供参考。应尽可能选与使用条件接近的场地进行。需要时应在各种不同气候环境地区的场地进行。

2. 开始贮存的季节与贮存时间

开始贮存的季节不同，气候有明显区别，试验结果要取决于开始贮存的季节。试样性能变化随时间的变化而有所不同。

3. 试样规格

不同规格的试样的试验结果不能互相比较。试样的尺寸越大，其结构上的不均匀性和不完善性的表现越大，试验结果的重现性较差，因此要核实试样形状和尺寸的一致性。试样的放置要保证每个试样均需裸露在空气中，而且要保证每个试样都处在自由状态。

4. 测试性能

测试性能不同，所测出的结果对同一品种材料也是不同的，因此要按选定的每项性能指标来确定耐老化性。选择老化试验的测试性能项目，不仅应当选择那些老化过程中变化比较灵敏的性能，而且应根据不同材料的老化机理及老化特征对不同材料、制品结合其使用场合，选择能真实反映其老化过程的相关测试性能，依据所得到的全部结果，可以做出较为准确的综合评价。

🔧 任务实施

将学生分组，分别进行 PE 大气暴露试验、NR 自然贮存老化试验，测定相关性能。每组派一名同学为代表陈述测定过程、结果，其他小组同学和老师共同评议。

👉 综合评价

序号	考核项目	权重/%	评分标准					合计
			优秀 90~100	良好 80~89	中等 70~79	及格 60~69	不及格 <60	
1	学习态度	10						
2	操作方法	40						
3	结果	20						
4	知识理解及应用能力	10						
5	语言表达能力	5						
6	与人合作	5						
7	环保、安全意识	10						

任务 2　高分子材料热老化试验

任务介绍

进行高分子材料热老化试验。

【知识目标】

① 了解高分子材料热老化原理；

② 熟悉高分子材料常压法热老化实验方法；

③ 熟悉塑料或橡胶在恒定湿热条件的暴露试验方法。

【能力目标】

能进行高分子材料热老化试验。

【素质目标】

① 培养学生遵规守纪、按章操作的工作作风；

② 锻炼学生组织协调能力，培养其团队合作意识；

③ 培养学生具有环保意识、安全意识、节能降耗意识。

任务分析

高分子材料自然老化过程较慢，试验过程耗时较长，不适用于某些科学研究过程及短时间内进行的性能检测。高温环境可以加速材料老化过程，进行高分子材料的热老化试验，可以快速、简便的进行高分子材料耐热老化性能的测定，以及进行材料高温适应性的相互比较。塑料、橡胶热老化试验可以分别参照 GB/T 7141—2008（塑料热老化试验方法）、GB/T 3512—2001（硫化橡胶或热塑性橡胶 热空气加速老化和耐热试验）进行。

高分子材料有时会在一些湿热的条件下使用，如地下工厂、高湿热厂房、通风不良的仓库等，材料受湿热作用，老化现象更加明显。因此用湿热暴露试验以加速塑料或橡胶的老化，并测定其暴露前后的性能或外观变化，用以评价塑料或橡胶的耐湿热老化性能。我国湿热老化试验可以参照 GB/T 12000—2003（塑料暴露于湿热、水喷雾和盐雾中影响的测定）、GB/T15905—1995（硫化橡胶湿热老化试验方法）。

相关知识

一、塑料热老化实验

（一）试验原理

将塑料试样置于给定条件（温度、风速、换气率等）的热老化试验箱中，使其经受热和氧的加速老化作用。通过检测老化前后性能的变化，以评定塑料的耐热老化性能。

（二）试验装置

试验使用热老化试验箱，应满足以下要求：

① 工作温度：40～200℃或 40～300℃。

② 温度波动度：±1℃，应备有防超温装置。

③ 温度均匀性：温度分布的偏差应≤1%。

④ 平均风速：0.5～1.0m/s，允许偏差±20%。

⑤ 换气率：1～100 次/h。

⑥ 工作容积：0.1～0.3m³，室内备有安置试样的网板或旋转架。

⑦ 旋转架转速：单轴式为 10～12r/min，双轴式的水平轴和垂直轴均为 1～3r/min，两轴的转速比应不成整数或整数分之一。

⑧ 双轴式试样架的旋转方式：一边以水平轴作中心，同时水平轴又绕垂直轴旋转。

（三）试样

试样的形状与尺寸应符合检测特定性能的相应国家标准的规定。试样按有关制样方法制备，所需数量由有关塑料检测项目和试验周期决定。每周期每组试样一般不少于 5 个，试验周期数根据检测项目而定，一般不少于 5 个。

（四）试验条件

① 试样在标准环境（正常偏差范围）中进行状态调节（48h 以上）。

② 试验温度根据材料的使用要求和试验目的确定。

③ 温度均匀性要求温度分布的偏差≤1%（试验温度）。

④ 平均风速在 0.5～1.0m/s 内选取，允许偏差为±20%。

⑤ 换气率根据试样的特性和数量在 1～100 次/h 内选取。

⑥ 试验周期及期限按预定目的确定取样周期数及时间间隔，也可根据性能变化加以调整。

（五）试验步骤

1. 调节试验箱

（1）试验箱温度调节

温度测量点共 9 点，其中 1～8 点分别置于箱内的 8 个角上，每点离内壁 70mm，第 9 点在工作室的几何中心处。

从试验箱的温度计插入孔放入热电偶，热电偶的各条引线放在工作室内的长度不应少于 30cm。打开通风孔，启动鼓风机，箱内不挂试样。

将温度升到试验温度，恒温 1h 以上，至温度达到稳定状态后开始测定。每隔 5min 记录温度读数，共 5 次。计算这 45 个读数的平均值作为箱温。从 45 个读数中选择两个最高读数各自减去箱温，同样用箱温减去两个最低度数，然后选其中两个最大差值求平均值，此平均值对于箱温的百分数应符合温度均匀性的规定。

如果上述所测温度均匀性不符合要求，可以缩小测定区域，使工作空间符合要求。

（2）试验箱风速调节

在距离工作室顶部 70mm 处的水平面、中央高度的水平面及距离底部 70mm 处的水平面上各取 9 点，共 27 个点。以测定风速时的室温作为测定温度，测定各点风速后，计算 27 点测定位置的风速平均值作为试验箱的平均风速。此值应符合风速试验条件的要求。

（3）试验箱换气率调节

调节进出气门的位置，到换气率达成所需要求。

2. 安装试样

试验前，试样需统一编号、测量尺寸，将清洁的试样用包有惰性材料的金属夹或金属丝挂置于试验箱的网板或试样架上。试样与工作室内壁之间距离不小于 70mm，试样间距不小于 10mm。

3. 升温计时

将试样置于常温的试验箱中，逐渐升温到规定温度后开始计时，若已知温度突变对试样无有害影响及对试验结果无明显影响者，亦可将试样放置于达到试验温度的箱中，温度恢复到规定值时开始计时。

4. 周期取样

按规定或预定的试验周期依次从试验箱中取样，直至结束。取样要快，并暂停通风，尽可能减少箱内温度变化。

5. 性能测试

根据所选定的项目，按有关塑料性能试验方法，检测老化前、后试样性能的变化。

（六）结果表示

1. 性能评定

应选择对塑料材料应用最适宜或反映老化变化较敏感的下列一种或几种性能的变化来评定其热老化性能。

① 通过目测，试样发生成局部粉化、龟裂、斑点、起泡、变形等外观的变化；

② 质量（重量）的变化；

③ 拉伸强度、断裂伸长率、弯曲强度、冲击强度等力学性能的变化；

④ 变色、褪色及透光率等光学性能变化；

⑤ 电阻率、耐电压强度及介电常数等电性能变化；

⑥ 其他性能变化。

2. 结果表示

根据有关材料的标准或试验协议处理试验结果。试验结果应包括试样暴露前后各周期性能的测定值、保持率或变化百分率等，并详细报告。

（七）影响因素

1. 试验温度

一般根据材料的品种、使用性能及性能检测试验条件选择塑料热老化试验温度。温度选择的原则是：在不造成严重变形、不改变老化反应历程的前提下，尽可能提高试验温度，以期在较短的时间内获得预期的结果。

对于温度上限的要求是：热塑性塑料应低于软化点，热固性塑料应低于其热变形温度，易分解的塑料应低于其分解温度。对于温度下限的要求是：比实际使用温度高 20～40℃。

温度高时老化速度快，试验时间缩短，但温度过高可能引起试样严重变形（开裂、弯曲、收缩、膨胀、分解变色），导致反应过程与实际不符，试验得不到正确的结果。

2. 试验箱温度变动、风速、换气率

温度的变动是影响热老化结果最重要的因素，有试验表明，软 PVC 在试验温度 110℃ 时的失重变化率（老化率）与 112℃时相差 10％～20％，因此箱内温度变动要尽可能小，在测定过程中，室温变化不得超过 10℃，试验箱线电压变化不得超过 5％。对达不到要求的试验箱，可缩小试验空间，使"工作空间"符合要求。

风速对热交换率影响明显，风速大，热交换率高，老化速率快，因此，选择适当的一致的风速是保证获得正确结果的一个重要条件。

换气率应用原则是：在保证氧化反应充分的前提下，尽可能用小的换气率。换气量过大，耗电量大，易造成温度分布不均匀；换气量过小，氧化反应不充分，影响老化速度。

3. 试样放置

试验箱内，试样间距不小于 10mm，与箱内壁间距不小于 70mm，工作室容积与试样总体积之比不小于 5∶1。如试样过密、过多，影响空气流动，挥发物不易排除，造成温度分布不均。为了减少箱内各部分温度及风速不均的影响，采用旋转试样或周期性互换试样位置的办法予以改善。

4. 评定指标的选择

老化程度的表示，是以性能指标保持率或变化百分率表示，评定指标的选择要以能快速获得结果并结合使用实际的原则来考虑。同一材料经受热氧作用后的各性能指标并不是以相同的速度变化，如 HDPE，老化过程中断裂伸长率变化最快，其次是缺口冲击强度，拉伸强度则最慢；酚醛模塑料老化时则是缺口冲击强度下降最快，拉伸次之，弯曲变化很小。由此可见，正确选择评定指标（可选一种或几种综合评定）是快速获得可靠结果的关键。

二、橡胶热空气老化试验

（一）试验原理

试样在高温和大气压力下的空气中老化后测定其性能，并与未老化试样的性能作比较。与使用有关的物理性能应用来判定老化程度，但在没有这些性能的确切鉴定的情况下，建议测定拉伸强度、定伸应力、拉断伸长率和硬度。

（二）试验装置

橡胶试样采用热空气老化箱进行试验，老化箱应符合下列要求。

① 具有强制空气循环装置，空气流速 0.5～1.5m/s，试样的最小表面积正对气流以避免干扰空气流速。

② 老化箱的尺寸大小应满足样品的总体积不超过老化箱有效容积的 10%，悬挂试样的间距至少为 10mm，试样与老化箱壁至少相距 50mm。

③ 必须有温度控制装置，保证试样的温度保持在规定的试验温度的公差范围内。

④ 加热室内有测温装置记录实际加热温度。

⑤ 在加热室结构中不得使用铜或铜合金。

⑥ 老化箱的空气置换次数为每小时 3～10 次。

⑦ 空气进入老化箱前应加热到老化箱规定的试验温度的公差范围内。

（三）试样

试样的制备应符合 GB/T 9865.1 的有关规定。

热空气加速老化和耐热试验使用按 GB/T 2941 规定进行状态调节后的试样，不使用完整的制品或试片。老化后的试样不能进行机械、化学或热处理。测定老化前和老化后的试样通常采用五个，但不应少于三个。只有尺寸规格相同的试样才能作比较。

在加热前测量试样尺寸，尽可能在老化后做标记，标记不能在试样的任何临界表面内使用，且不能损伤试样或加热时被分解。

为了防止硫黄、抗氧剂、过氧化物或增塑剂的迁移，避免在同一老化箱内同时加热不同类型的试样。

（四）试验条件

1. 热空气加速老化

试验温度按 GB/T 2941 的规定或由有关人员之间商定，老化时间可选为 24h、48h、72h、96h、168h 或 168h 的倍数。

2. 耐热试验

试验温度按 GB/T 2941 的规定或由有关人员之间商定，试验温度应能代表试样的使用温度；老化时间可选为 24h、48h、72h、96h、168h 或 168h 的倍数。

（五）试验步骤

① 将老化箱调至试验温度，把试样呈自由状态悬挂在老化箱中进行试验。

② 试样放入老化箱即开始计算老化时间，到达规定时间时，取出试样。

③ 取出的试样按 GB/T 2941 的规定进行环境调节 16～144h。

④ 有关性能的测定按相应测试标准的规定进行。

（六）结果表示

① 以性能变化百分率表示，按式(6-2)计算：

$$P = \frac{X_a - X_0}{X_0} \times 100 \tag{6-2}$$

式中　P——性能变化率，%；

　　　X_a——试样老化后的性能测定值；

　　　X_0——试样老化前的性能测定值。

② 硬度变化按式(6-3)计算：

$$H = X_a - X_0 \tag{6-3}$$

式中　H——试样硬度变化；

　　　X_a——试样老化后的硬度测定值；

　　　X_0——试样老化前的硬度测定值。

三、塑料或橡胶在恒定湿热条件下的暴露试验

（一）塑料湿热老化试验

1. 试验原理

在暴露前和在规定环境条件下暴露一定时间后，测定试样一项或几项性能，并观察外观变化。如有需要，可在暴露后进行干燥处理或重新进行状态调节处理，以获得同原始试样相同的、与大气湿度平衡的状态，再进行性能的测定。

2. 试验设备及条件

（1）试验设备

主要设备为湿热试验箱，应具有以下技术条件。

① 设有温度、湿度调节和指示仪表，超温电源断相、缺水保护和报警系统；并设有照明灯和观察门（窗）。

② 温度可调范围为 40～70℃，温度波动 ≤1℃，相对湿度可调范围为 80%～95%；

③ 温度容许偏差 ±2.0℃，相对湿度容许偏差 $^{+2}_{-3}$%。

④ 有效空间内任何一点均要保持空气流通，但风速不能超过 1m/s；

⑤ 冷凝水不允许滴落在工作空间内。

（2）试验条件

① 温度和湿度。温度：40℃±2℃（为加速可适当提高但不得超过 70℃）；相对湿度：93%$^{+2}_{-3}$%。也可按有关技术规范及各方面协议规定。

② 试验周期。试验持续时间应按有关标准所规定的或由有关方面根据用途商定，建议由下列标准数值中选择时间：24h、48h、96h、144h、168h；长周期：1 周、2 周、4 周、8 周、16 周、26 周、52 周、78 周。

③ 试验用水。pH 值在 6～7 的蒸馏水或去离子水。

④ 状态调节。试验前将试样置于温度 23℃±2℃、相对湿度 50%±5% 和气压为 86～106kPa 的环境中，状态调节时间至少 88h。

3. 试样

（1）模塑或挤塑材料

试样应是边长 50mm±1mm，厚 3mm±0.2mm 的正方体，也可是有相同表面积（例如 100mm×25mm，即 250mm²）的矩形试样。

（2）板材或片材

试样应是边长 50mm±1mm 的正方形或具有相同表面积的矩形，从受试片上切取。如果受试片材的标称厚度小于或等于 25mm，试样厚度应与该片材厚度相同。如果标称厚度大于 25mm，而且在有关规格中没有专门规定，则应从一个表面上进行机加工，将试样厚度加工至 25mm。如进行机加工，应在报告中详加说明。

（3）成品或半成品

也可直接使用成品或半成品，但尺寸应与模塑或挤塑材料尽可能相似，并按产品说明或有关方面协议制备。

（4）试样数量

试样数量由有关性能测试方法和测试周期数等决定，一般不少于 3 个。

4. 试验步骤

（1）调节试验箱

按试验条件①的要求调节湿热试验箱温度及湿度。

（2）投放试样

为避免试样放入湿热箱时表面产生凝露，试样投放前先放在有空气对流的烘箱中，在试验温度下放置 1h，然后立即投入湿热箱中。试样悬挂或放在试样架上，但不能超出工作空间，在垂直于主导风向的任意截面上，试样截面积之和不大于该工作室截面的 1/3，试样之间间距不得小于 5mm，不能互相接触。

（3）周期取样

按规定试验周期依时取样，直至试验结束，取样要快，尽可能不影响试验箱的温度与湿度。

（4）暴露后的处理

暴露后的试样放入 23℃±2℃ 的密闭容器中，以尽可能保持试样原有的水分含量，通常 4h 后可进行性能测定。为了测定暴露前后性能变化，应将试样经干燥或恢复到暴露前状态调节，如进行干燥处理，把试样放入 50℃±2℃ 烘箱干燥 24h 后，放入干燥器中冷却到 23℃±2℃。

（5）性能测定

① 质量变化。测试前试样经状态调节后，测其质量为 m_1；经暴露处理后，测其质量为 m_2；将经暴露处理后的试样干燥处理后，测其质量得 m_3，测定值准确到 0.001g。

② 尺寸变化。将暴露前的试样经状态调节后，对每个试样测出 4 个标记点的厚度，计算平均值 $\overline{d_1}$；测定正方体或矩形的四条边，计算出长和宽的平均值（长 $\overline{L_1}$ 和宽 $\overline{b_1}$）。暴露后的试样同样测出以上数值（$\overline{L_2}$、$\overline{b_2}$、$\overline{d_2}$），经干燥后同样测出 $\overline{L_3}$、$\overline{b_3}$、$\overline{d_3}$。

③ 目测外观变化。包括卷曲、翘边、分层、色泽变化、龟裂、开裂、起泡、增塑剂胶黏剂渗出、固态组分起霜以及金属组分侵蚀等。

④ 物理性能的变化。包括力学性能、光学性能和电性能，按有关物性测试方法进行。

5. 结果表示

① 以单位面积上的质量变化来表示：

$$\frac{m_2-m_1}{S} \tag{6-4}$$

$$\frac{m_3-m_1}{S} \tag{6-5}$$

式中　m_1——试样初始质量，g；

　　　m_2——试样暴露后立即称量的质量，g；

　　　m_3——试样暴露后经干燥或重新状态调节后的质量，g；

　　　S——试样初始总表面积（包括试样侧面），m^2。

② 以质量变化百分率表示：

$$\frac{m_2-m_1}{m_1}\times100 \tag{6-6}$$

$$\frac{m_3-m_1}{m_1}\times100 \tag{6-7}$$

③ 以尺寸变化百分率表示，用下面合适的公式计算：

$$\frac{\overline{l_2}-\overline{l_1}}{\overline{l_1}}\times100 \tag{6-8}$$

$$\frac{\overline{b_2}-\overline{b_1}}{\overline{b_1}}\times100 \tag{6-9}$$

$$\frac{\overline{d_2}-\overline{d_1}}{\overline{d_1}}\times100 \tag{6-10}$$

$$\frac{\overline{l_3}-\overline{l_1}}{\overline{l_1}}\times100 \tag{6-11}$$

$$\frac{\overline{b_3}-\overline{b_1}}{\overline{b_1}}\times100 \tag{6-12}$$

$$\frac{\overline{d_3}-\overline{d_1}}{\overline{d_1}}\times100 \tag{6-13}$$

式中　$\overline{l_1}$、$\overline{b_1}$、$\overline{d_1}$——试样原始长、宽、厚的平均值，mm；

　　　$\overline{l_2}$、$\overline{b_2}$、$\overline{d_2}$——试样暴露后长、宽、厚的平均值，mm；

　　　$\overline{l_3}$、$\overline{b_3}$、$\overline{d_3}$——试样暴露后经干燥或重新状态调节长、宽、厚后的平均值，mm。

④ 以最终尺寸相对于原尺寸的百分率表示，分别用下式求出：

$$\frac{\overline{l_2}}{l_1} \times 100 \tag{6-14}$$

$$\frac{\overline{b_2}}{b_1} \times 100 \tag{6-15}$$

$$\frac{\overline{d_2}}{d_1} \times 100 \tag{6-16}$$

$$\frac{\overline{l_3}}{l_1} \times 100 \tag{6-17}$$

$$\frac{\overline{b_3}}{b_1} \times 100 \tag{6-18}$$

$$\frac{\overline{d_3}}{d_1} \times 100 \tag{6-19}$$

并描述试样外观变化，如翘曲、扭曲、脱层或明显的表面降解痕迹，如：

——颜色和（或）光泽的变化，银纹、裂纹的存在；

——气泡；

——增塑剂的渗出，发黏；

——固体组分的起霜；

——金属元件的腐蚀（如果有金属元件）；

如有可能，给予定性鉴定，如轻微、中等、严重等表示。

⑤ 以性能变化率表示：

$$\frac{P_2 - P_1}{P_1} \times 100 \tag{6-20}$$

$$\frac{P_3 - P_1}{P_1} \times 100 \tag{6-21}$$

式中　P_1——试样原始的性能值；

　　　P_2——试样暴露后的性能值；

　　　P_3——试样暴露后经干燥或重新状态调节后的性能值。

⑥ 以最终性能相对于最初性能的百分数表示：

$$\frac{P_2}{P_1} \times 100 \tag{6-22}$$

$$\frac{P_3}{P_1} \times 100 \tag{6-23}$$

6. 影响因素

（1）试验装置

试验装置的恒定湿热技术是保证试验结果的重要条件，操作时要保持温度、湿度相对稳定，不超过允许偏差，对均匀度及波动度也要严格控制。

（2）环境温度

湿热老化的环境温度对老化是有明显影响的。当温度升高时，水分子的活动能量将增大，同时高分子链热运动亦加剧，造成分子间隙增大，有利于水渗入，材料湿热老化将加速。因此为加速试验，可适当提高环境温度（一般不超过 70℃）。

（3）试样

试样可直接用模塑的方法取得，也可用机械加工的方法获得，但试样表面的平滑程度对测试结果有较大影响，如表面较粗糙，试样的表面积加大，会造成单位面积上质量的变化减小，同时吸湿量加大。因此，此方法不适用于多孔材料。

（4）测试性能的选择

不同材料、不同性能的指标变化对湿热敏感度不同，例如 PC 试样，经湿热暴露后的质量及尺寸变化均不明显，但样品颜色明显变深；PS 试样则产生气泡；聚酯试样则伸长率变化较大。因此试验时要根据不同材料选择适当的性能或尺寸、外观变化结果来评价其耐湿热性能。

（二）橡胶湿热老化试验

硫化橡胶湿热老化试验与塑料湿热老化试验装置、相似，只是试验周期稍有变化，具体试验周期、操作步骤可参照 GB/T 15905—1995（硫化橡胶湿热老化试验方法）进行。试验结果按公式计算。

$$P = \frac{A-O}{O} \times 100 \tag{6-24}$$

式中　P——试样老化性能变化率，%；

　　　O——试样老化前性能的测定值；

　　　A——试样老化后性能的测定值。

任务实施

将学生分组，参照 GB/T 7141—2008（塑料热老化试验方法）、GB/T 3512—2001（硫化橡胶或热塑性橡胶 热空气加速老化和耐热试验）进行 PE、NR 老化试验。每组派一名同学为代表陈述测定过程、结果，其他小组同学和老师共同评议。

综合评价

序号	考核项目	权重/%	评分标准					合计
			优秀 90～100	良好 80～89	中等 70～79	及格 60～69	不及格 <60	
1	学习态度	10						
2	操作方法	40						
3	结果	20						
4	知识理解及应用能力	10						
5	语言表达能力	5						
6	与人合作	5						
7	环保、安全意识	10						

参 考 文 献

[1] 董炎明编. 高分子材料实用剖析技术. 北京：中国石化出版社，1997.
[2] 何曼君，陈维孝，董西侠主编. 高分子物理. 上海：复旦大学出版社，1983.
[3] 焦剑，雷渭媛主编. 高聚物结构、性能与测试. 北京：化学工业出版社，2003.
[4] 董炎明著. 高分子分析手册. 北京：中国石化出版社，2004.
[5] 侯文顺主编. 高聚物生产技术. 北京：高等教育出版社，2007.
[6] 高炜斌，林雪春主编. 塑料分析与测试技术. 北京：化学工业出版社，2012.
[7] 胡皆汉，郑学仿编著. 实用红外光谱学. 北京：科学出版社，2011.
[8] 董炎明编. 高分子材料实用剖析技术. 北京：中国石化出版社，1997.
[9] GB/T 1034—2008 塑料吸水性试验方法.
[10] GB/T 6283—2008 化工产品中水分含量的测定卡尔·费休法.
[11] GB/T 1033.1—2008 塑料 非泡沫塑料密度的测定 第1部分 浸渍法、液体比重瓶法和滴定法.
[12] GB/T 1033.2—2010 塑料 非泡沫塑料密度的测定 第2部分：密度梯度柱法.
[13] GB/T 1033.3—2010 塑料 非泡沫塑料密度的测定 第3部分：气体比重瓶法.
[14] GB/T 1038—2000 塑料薄膜和薄片气体透过性试验方法 压差法.
[15] GB/T 7756—1987 硫化橡胶透气性的测定 恒压法.
[16] GB/T 10655—2003 高聚物多孔弹性材料 空气透气率的测定.
[17] GB/T 1037—1988 塑料薄膜和片材透水蒸气性试验方法 杯式法.
[18] GB/T 1040.2—2006 塑料拉伸性能的测定 第2部分：模塑和挤塑塑料的试验条件.
[19] GB/T 528—2009 硫化橡胶或热塑性橡胶拉伸应力应变性能的测定.
[20] GB/T 9341—2000 塑料弯曲性能试验方法.
[21] GB/T 1696—2001 硬质橡胶弯曲强度的测定.
[22] GB/T 1041—1992 塑料压缩性能试验方法.
[23] GB/T 7757—2009 硫化橡胶或热塑性橡胶压缩应力应变性能的测定.
[24] GB/T 1043—1993 硬质塑料简支梁冲击试验方法.
[25] GB/T 1843—2008 塑料 悬臂梁冲击强度的测定.
[26] GB/T 14153—1993 硬质塑料落锤冲击试验方法通则.
[27] GB/T 1697—2001 硬质橡胶冲击强度的测定.
[28] GB/T 15598—1995 塑料剪切强度试验方法 穿孔法.
[29] GB/T 1450.1—2005 纤维增强塑料层间剪切强度试验方法.
[30] GB/T 1700—2001 硬质橡胶抗剪切强度的测定.
[31] GB/T 3398.1—2008 塑料硬度测定 第1部分：球压痕法.
[32] GB/T 3398.2—2008 塑料硬度测定 第2部分：洛氏硬度.
[33] GB/T 1698—2003 硬质橡胶硬度的测定.
[34] GB/T 23651—2009 硫化橡胶或热塑性橡胶硬度测试 介绍与指南.
[35] GB/T 531.1—2008 硫化橡胶或热塑性橡胶压入硬度试验方法 第1部分：邵氏硬度计法.
[36] GB/T 8811—2008 硬质泡沫塑料尺寸稳定性试验方法.
[37] GB/T 1634—1979 塑料弯曲负载热变形温度—简称热变形温度试验方法.
[38] GB/T 1036—1989 塑料线膨胀系数测定方法.
[39] GB/T 3682—1983 热塑性塑料熔体流动速率试验方法.
[40] GB/T 9343—2008 塑料燃烧性能试验方法：闪燃温度和自燃温度的测定.
[41] GB/T 2408—2008 塑料燃烧性能的测定 水平法和垂直法.
[42] GB/T 2406.1—2008 塑料用氧指数法测定燃烧行为 第1部分：导则.
[43] GB/T 2406.2—2009 塑料用氧指数法测定燃烧行为 第2部分：室温试验.
[44] GB/T 3681—2000 塑料大气暴露试验方法.
[45] GB/T 13938—1992 硫化橡胶自然贮存老化试验方法.
[46] GB/T 7141—2008 塑料热老化试验方法.
[47] GB/T 3512—2001 硫化橡胶或热塑性橡胶 热空气加速老化和耐热试验.
[48] GB/T 12000—2003 塑料暴露于湿热、水喷雾和盐雾中影响的测定.
[49] GB/T 15905—1995 硫化橡胶湿热老化试验方法.